本書の使い方・凡例

　本書は日本全国の平地〜山地で比較的よく目にするイネ科植物134種類（ただしタケ亜科は除外した）を掲載し、野外での識別、もしくは室内での観察に役立つよう意図してある。基本的に掲載種はすべて原寸大の花序のスキャン写真で紹介しているので、実物と照らし合わせながら大体の種類の見当はつけられるが、最終的な同定はルーペによる細かな特徴の確認が必要である。10倍ぐらいのルーペがあるとよい。植物体は花期の直前〜果期のころまでが観察対象である。

　配列は Clayton & Renvoize (1986, Genera Graminum) を元に、近年の分子系統解析の成果を盛り込んで、近縁なものが近くにくるように配列した。

解説

花期：全国で開花する時期の目安

分布：北海道、本州、四国、九州、琉球列島を頭文字で示した。栽培種や移入種は原産地を示した。

生活型：発芽から枯死するまでの期間により、一年草、多年草に分けた。本書で一年草とされているものには越年草も含むほか、短命な多年草も含まれる。

別名：よく使用されるものについてのみ記した。

識別点：似た種類との違いやその種だけに見られる特徴を挙げた。

インデックス

- イネ亜科
- イチゴツナギ亜科
- ササクサ亜科
- ダンチク亜科
- オヒゲシバ亜科
- キビ亜科

和名・学名

ネズミムギ
Lolium multiflorum

花期：5〜7月．分布：ヨーロッパ〜北西アフリカ原産．生活型：一年草．別名：イタリアンライグラス．識別点：牧草などに使うため ホソムギやウシノケグサ属と掛け合わせて品種改良が行われているので、種内変異が大きく、種間の境界が不明瞭。典型的なものでは、小花は8〜20個で、護穎にきが、花序の中軸はざらつき、若葉は葉鞘から巻いて出る。

牧草由来の帰化植物。草地や道端に生える。一年草なので、ほぼすべての時期に花序が出る。

花序が枝分かれすることがあり、ヒダワタネズミムギ *L. remotum* と呼ばれる。

花序の中軸はざらつくことが多い。

原寸大スキャン写真
実物と絵合わせしやすいようすべてのメイン掲載種について原寸大で掲載した。

部分アップ写真
識別の決め手となる総や花序、小穂、小花、またはその一部、葉鞘、葉舌、葉の表面、節、根茎などを示した。写真内にある白線または黒線はスケールバーで原則的に1mmを示す。

生態写真・全体写真
生育環境や生育時の様子、葉の形やつき方を見るときの参考に掲載した。

類似種
近縁で非常に似ている種類があるものについてときに掲載した。

高さ
本書でいう「高さ」とは草丈ではなく、生育している状態での最も高い部位（多くは頂生する花序）の高さを示す。

用語解説

この本では、検索表の最初に、特徴のハッキリした数種を絵合わせで同定してしまい、そのあとで残りのものを花序の形で大きな5グループに分けることにした。

それぞれのグループ内の検索もルーペや顕微鏡を使わなくても見られる、なるべくわかりやすい特徴を先に使うようにしてある。

そうはいっても、小穂、小花、護穎、芒、葉舌・・・など特殊な用語の理解は避けられないし、形の見方を知っている方がよい。検索表を使うのに最低限必要なイネ科の見方について、以下に解説する。

花序

❶ 総と円錐花序

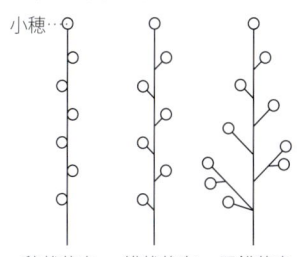

図1　花序の種類

多くのイネ科植物では稈（かん、茎のこと。後述）の先端に花序をつける。花序には小穂（しょうすい。後述）という構造体がある。同じ形が繰り返し現れるので、どれが小穂であるか判断できる。

花序の中軸（花序の中央の軸）に、柄のない小穂がつくのが**穂状花序**（すいじょうかじょ）である。

中軸から、枝分かれのない柄が出て小穂がつくのが**総状花序**（そうじょうかじょ）である。この2つを合わせて総（そう）という。

円錐花序（えんすいかじょ）というのは、花序の中軸から花序の枝が出て、枝分かれをしてから小穂がつく花序である。通常は花序の下のほうで枝が長く、枝分かれも多く、多くの小穂をつけるので、花序の外形が円錐形になる。

ノガリヤス（p.58）やコスズメガヤ（p.90）などが典型的である。

❷ 密な円錐花序とまばらな円錐花序

円錐花序の枝が短くなると、花序全体の形が円柱形になることがある。

たとえば、スズメノテッポウ（p.46）やエノコログサ（p.110）などがこれにあたる。

花序をほぐして、花序の枝を取り出すと、ちゃんと枝分かれしているのが見られる。

図2　密な円錐花序
ノハラスズメノテッポウの花序の枝を取り出したところ

密な円錐花序とまばらな円錐花序のあいだには明瞭な境界はない。

クサヨシ（p.51）、ヒエガエリ（p.55）、カニツリグサ（p.65）、ネズミノオ（p.94）などは成長段階や種内変異によって、どちらの花序にもなりうる。

この本では、どちらの検索表でも調べられるようにした。

❸円錐花序は生育が悪いと総状花序になる

ネズミムギ（p.36）やカモジグサ（p.71）のような種は、どれほど生育条件がよくても円錐花序になることはなく、総しかつけないが、その一方で、ホガエリガヤ（p.24）、ムツオレグサ（p.25）、コメガヤ（p.28）、ナギナタガヤ（p.31）などは、よく育てば花序の下の方の節で花序の枝が出て円錐花序になる種である。

スズメノテッポウは、ふつうは密な円錐花序であるが、生育が悪いと枝が極端に短くなりほとんど総（総状花序）になってしまう。

つまり、栄養状態がよければ円錐花序である種が、条件によっては総のように見える花序をもつことがあることも知っている必要がある。

この本の検索表では、このような種の場合、円錐花序として調べないと正しい種に同定できないので、よく育った花序を観察することが大切である。

❹小穂が対になる

総からなる花序では、柄の長い小穂（長柄小穂）と短い小穂（短柄小穂）が、総の1節について対になっていることがある。短柄小穂の柄が短くなり、完全になくなった場合、長柄小穂・短柄小穂は、それぞれ有柄小穂・無柄小穂という。対になる小穂はヒメアブラススキ連や、スズメノヒエ（p.109）、トダシバ（p.119）などキビ亜科によく見られる。

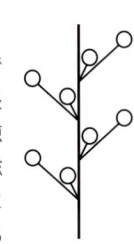

図4 対になる小穂

小穂・小花

❶小穂の基本形

最も基本的な形をした小穂は図5のようなものである。

この本にあるイチゴツナギ連やス

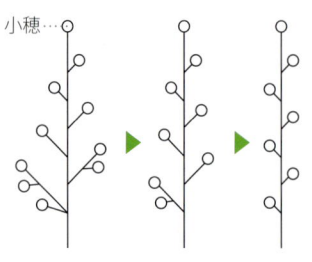

図3 円錐花序から総への移行

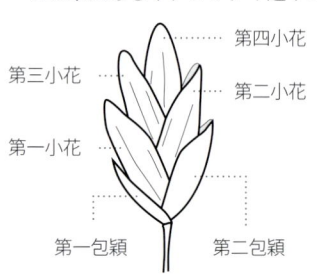

図5 小穂

ズメノチャヒキ連、コムギ連の植物は、この特徴をよく残している。コバンソウ（p.53）、カラスムギ（p.64）、イヌムギ（p.68）は小穂が大きいので基本的な構造を勉強するのに適した材料である。

小穂の基部には**包穎**（ほうえい）とよばれる変形した葉があり、下から第一包穎、第二包穎と呼ぶ。その上にいくつかの**小花**（しょうか）があり、小花は**小軸**（しょうじく）でつながっている。下から順に第一小花、第二小花・・・と呼ぶ。

7右）。

小穂の柄にある突起物は芒ではなく**刺毛**（しもう）という。これは花序の枝が変化したものである（図8）。エノコログサ属などで見られる。

図7　オオウシノケグサの芒（左）とヌカススキの芒（右）

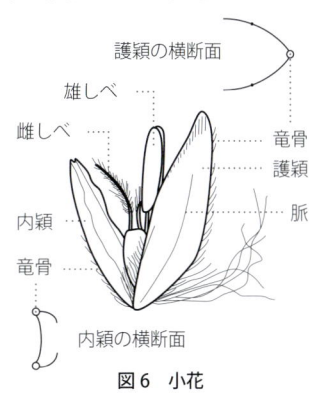

図6　小花

小花には護穎、内穎に包まれた雄しべと雌しべがある。

包穎や護穎は、中央脈に沿って折りたたまれることが多く、この折れ目のことを船の部品にたとえて**竜骨**（りゅうこつ）という。内穎にはふつう2本の竜骨がある（図6）。

護穎や包穎などについている細長い突起物を**芒**（のぎ）という。芒は穎がだんだん細くなって芒になることもあれば（図7左）、穎の背から脈が分離して芒が出ることもある（図

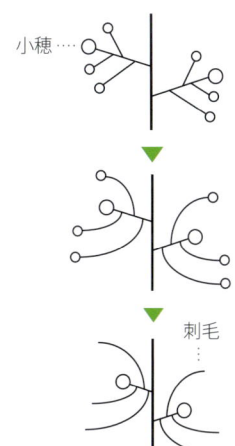

図8　花序の柄から刺毛への変化

❷小穂の変化
【扁平】

小穂が扁平なものに2通りがある。包穎や護穎が2つに折りたたまれて竜骨ができる向きに圧縮されたものを、「左右に扁平」という（ホガエリガヤ（p.24）、イヌムギ（p.68）など）。これとは90°違う向きで、包穎が平らになるように圧縮されたも

のを「背腹に扁平」という（スズメノヒエ（p.109）など）。

【小花の数の変化】

先に示した図5では、1つの小穂に4個の小花が描いてあった。

多くの場合、栄養状態の良し悪しによって小花の数は変化するが、種によっては小花の数が一定している。

たとえば、ヌカボ属やノガリヤス属のように常に1小花からなるものや、ヌカススキ（p.50）のように2小花からなるもの、コウボウ（p.61）やホガエリガヤのように3小花のものもある。

ふつうは多数の小花をつけるのに、生育条件が悪かったりして1小花になることもあるので、検索するときには注意が必要である。

【退化・消失】

基本形の小花では雄しべも雌しべもそろっているが、それらが消失することがある。

さまざまな例があるが、以下にそのいくつかを紹介する。

コウボウの第一小花と第二小花では雌しべがなく雄小花であり、ハルガヤ（p.62）ではさらに雄しべも内穎も消失して、護穎のみに退化している。つまり第三小花が、2個の護穎と2個の包穎に包まれている。

クサヨシ（p.51）では、さらに第一小花と第二小花の護穎が小さく、痕跡的に残っている。

イネ（p.18）では、2個の包穎も小さくなり痕跡的になっている。

シラゲガヤ（p.38）では、第二小花は雌しべが消失している。

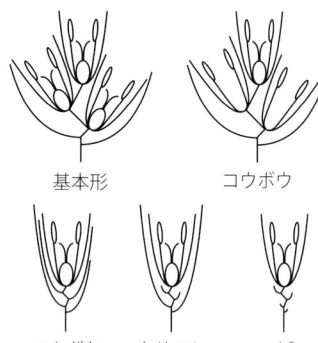

図9　小穂の変化の例

スズメノカタビラ（p.40）では、上方の小花で雄しべが消失することがある。

【第二小花が硬くなる】

アキノエノコログサのようなキビ亜科キビ連の植物は、第一小花に雌しべはなく、雄しべや内穎もさまざまな度合いで退化している。そして、第二小花の護穎と内穎は厚く硬くなる。

第一小花の護穎は、第二小花の護穎と質感が異なり、むしろ包穎に似ているので、あたかも硬い第二小花

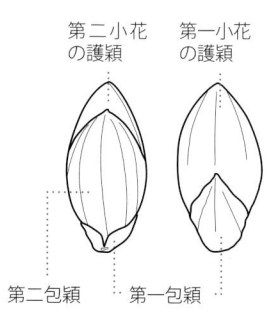

図10　アキノエノコログサの小穂

を 3 枚の穎がおおっているように見える（図 10）。

余談であるが、こういう特徴がはっきりしているので、昔からキビ連の植物は近縁なものとみなされていて、それは DNA を用いた系統解析でも正しいことが示されている。

【包穎が硬くなる】

ススキを代表とするキビ亜科ヒメアブラススキ連の植物は、キビ連の植物とはまったく異なる小穂の構造をしている。前述のように、キビ連では小穂に 2 つある小花のうち、第二小花の護穎や内穎が厚く硬くなっている（図 11 下）。一方、ヒメアブラススキ連では、小花の護穎や内穎は、いずれも薄い膜状になっていることが多い。その代わりに包穎は硬くなって中に 2 個の小花を包みこむ形になっていることが多い（図 11 上）。

【登実小花】

小花には雄しべと雌しべの両方がある両性小花のほかに、雌しべしかない雌性小花や雄しべしかない雄性小花がある。前の 2 者は、成熟すると果実をつけるので、これらを指して**登実小花**（とうじつしょうか）という。

茎・葉

イネ科植物の茎は**稈**（かん）という。稈には**節**（せつ）があり、節から次の節までのことを**節間**（せっかん）という。

イネ科の葉は互生する。葉は、稈を抱いている**葉鞘**（ようしょう）という部分と平らな**葉身**（ようしん）という部分からなる。

葉鞘と葉身のあいだに**葉舌**（ようぜつ）という膜状の構造がある。種によっては葉舌は毛の列に変化していることも、消失していることもある（図 12）。

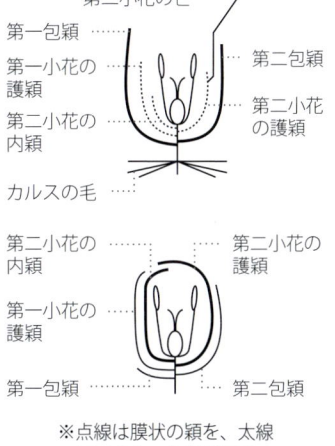

※点線は膜状の穎を、太線は厚くなった穎を示す。

図 11　ヒメアブラススキ連ススキ（上）とキビ連アキノエノコログサ（下）の小穂の比較模式図

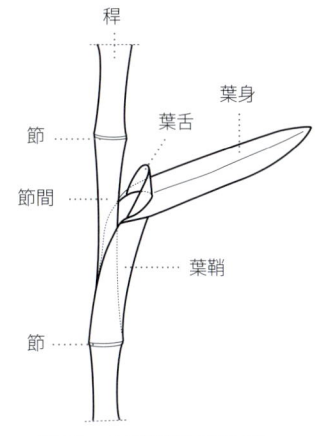

図 12　イネ科植物の稈と葉

グループ検索表

絵合わせのページ(**グループ1**〔p.9〕)に該当する種がある			
絵合わせのページ(**グループ1**)に該当する種がない	花序は総からなる	稈の先に、単一の総がある	**グループ2** (p.10)
		稈の先に、多数の総がある / 多くの総は花序の先端に集まり、放射状になる	**グループ3** (p.11)
		稈の先に、多数の総がある / 多くの総は花序の先端に集らず、多段に半輪生する	**グループ4** (p.12)
	円錐花序である	小穂が密につき、花序が円柱形になる	**グループ5** (p.13)
		小穂が疎らで、花序は円錐形になる	**グループ6** (p.14)

グループ1（外観的特徴が明らか）

以下の6種は外観的特徴が明らかで、小穂を取り出して観察するまでもないので、写真を見て同定する。

シンクリノイガ（p.117）　　**メリケンカルカヤ**（p.135）　　**オガルカヤ**（p.136）

メガルカヤ（p.139）　　**ジュズダマ**（p.141）　　**トウモロコシ**（p.142）

グループ2（稈の先に単一の総）

- 小穂は硬く、1小花からなる
  - 花序は熟すと葉鞘から外に出る……………………… **シバ** (p.98)
  - 花序は熟しても一部が葉鞘に包まれる……………… **オニシバ** (p.99)
- 小穂は柔らかいか、多数の小花からなる
  - 花序の先端の小穂以外では包穎は1個
    - 小花は8~20個。護穎に芒がある。花序の中軸はざらつく。若葉は葉鞘内で巻く。一年草…………… **ネズミムギ** (p.36)
    - 小花は6~10個。護穎に芒がない。花序の中軸は平滑。若葉は葉鞘内で2つに折りたたまれる。多年草 …… **ホソムギ** (p.35)
  - 包穎は2個
    - 包穎は針形で、2~6 mm ………………… **アズマガヤ** (p.75)
    - 包穎は針形でないか、1 cmより長い
      - 小花は1~2個
        - 花序は金色で、各節に2個の小穂がつく … **イタチガヤ** (p.127)
        - 花序は緑色で、各節に3個の小穂がつく
          - 小穂は狭い皮針形で、熟すと脱落する………… **ムギクサ** (p.78)
          - 小穂は楕円形で、熟しても脱落しない……… **オオムギ** (p.77)
      - 小花は多数
        - 内穎は護穎より長い…………………………… **ムツオレグサ** (p.25)
        - 内穎は護穎より短いか同長
          - 花序の各節に複数の小穂がつくことがある … **ハマニンニク** (p.76)
          - 花序の各節に1個の小穂がつく
            - 包穎に芒がある……………………………… **コムギ** (p.79)
            - 包穎に芒がない
              - 小穂に短い柄がある………………………… **ヤマカモジグサ** (p.70)
              - 小穂には柄がない
                - 花序は直立する
                  - 花序は熟すと葉鞘から外に出る……… **シバムギ** (p.74)
                  - 花序は熟しても一部が葉鞘に包まれる
                    ………………………… **ミズタカモジグサ** (p.72)
                - 花序は垂れる
                  - 内穎は芒を除いた護穎とほぼ同長
                    ………………………… **カモジグサ** (p.71)
                  - 内穎は芒を除いた護穎より短い
                    ………………………… **アオカモジグサ** (p.73)

＊ヒロハノハネガヤ、ナギナタガヤ、ムツオレグサ、コメガヤ、ホガエリガヤ、スズメノテッポウ、ネズミノオ、ヒゲシバは、「単一の総からなる花序」に見えるが、十分に発達すると円錐花序になるので、グループ6「小穂がまばらで、花序は円錐形」(p.14) の検索表で同定する。

グループ 3（花序の先端の総は放射状）

- 総は通常 2 個
  - 総は斜上する………………………………… **キシュウスズメノヒエ**（p.106）
  - 総は断面が半円形で、熟しても 2 個の総は平行に直立して円柱形になる
    - 節はほとんど無毛……………………… **カモノハシ**（p.133）
    - 節は有毛………………………………… **ケカモノハシ**（p.132）
- 総は多数
  - 小花は 3 個以上
    - 総の先端は小穂がつく………………… **オヒシバ**（p.92）
    - 総の先端には小穂はなく、鉤状の爪がある
      ………………………………………… **タツノツメガヤ**（p.93）
  - 小花は 1〜2 個
    - 包穎より明らかに硬い小花を 1 個含む
      - 小穂は中ほどが最も幅広く、長さ 1.5〜2mm
        ………………………………………… **アキメヒシバ**（p.114）
      - 小穂は基部寄りが最も幅広く、長さ 2.5 から 3mm
        - 総の軸は稜がざらつく……………… **メヒシバ**（p.113）
        - 総の軸は平滑……………………… **コメヒシバ**（p.115）
    - 小花は包穎と同質かやや柔らかい
      - 葉身のある、はう茎をもつ
        - 葉身は線形……………………………… **ギョウギシバ**（p.97）
        - 葉身は皮針形から狭楕円形
          - 葉身の基部は心形で、縁に基部のふくれた毛がある
            ………………………………………… **コブナグサ**（p.138）
          - 葉身の基部は心形かくさび形で縁毛はない
            - 葉身は中ほどが最も幅広い…………… **アシボソ**（p.128）
            - 葉身は基部寄りが最も幅広い………… **ササガヤ**（p.129）
      - 主に茎は直立する
        - 小穂の先端から出る芒はない
          - 小穂には柔らかく長い基毛がある…… **オギ**（p.123）
          - 小穂は無毛……………………………… **アイアシ**（p.140）
        - 小穂の先端から芒が出る
          - 総の各節に小穂は 1 個ずつつく ……… **カリマタガヤ**（p.134）
          - 総の各節に小穂が 2 個ずつつく
            - 小穂に基毛はなく、熟すと総の軸は折れる
              ………………………………………… **ウンヌケモドキ**（p.126）
            - 小穂に基毛があり、熟しても総の軸は折れない
              - 1 つの花序に総は多数、小穂は長さ 4.5〜6 mm
                ………………………………………… **ススキ**（p.122）
              - 1 つの花序に総は 2〜3 個、小穂は長さ 6〜8 mm
                ………………………………………… **カリヤスモドキ**（p.124）

グループ 4 （総は花序の先端に集らず、多段に半輪生）

```
┬ 葉身はササのように広く、幅 2~4 cm ………… ササクサ （p.80）
└ 葉身は皮針形～線形で、幅は 2 cm より狭い
  ┬ 粘る芒があり、葉身は波を打つ………… チヂミザサ （p.100）
  └ 芒はないか、あっても粘らない。葉身は平ら
    ┬ 多数の小花からなる…………………… アゼガヤ （p.86）
    └ 小花は 1 か 2 個
      ┬ 小穂は左右に扁平で、包穎は半球形にふくれ、
      │ 小花とのあいだに空間がある……… カズノコグサ （p.48）
      └ 小穂は背腹に扁平か円柱形で、
        包穎は小花とのあいだに空間はない
        ┬ 小花は包穎と同質かやや柔らかい
        │ ┬ 総の各節に稔る小穂は 1 つで、
        │ │ 有柄小穂は柄と護穎のみに退化する
        │ │ ………………………………… ウシクサ （p.137）
        │ └ 総の各節に同形・同大の 2 個の小穂がつく
        │   ┬ 総の柄は短い………………………… ススキ （p.122）
        │   └ 総の柄は長い
        │     ┬ 花序の枝は垂れる……… アブラススキ （p.121）
        │     └ 花序の枝は斜上する オオアブラススキ （p.120）
        └ 1 個の小花は包穎より明らかに硬い
          ┬ 硬い第二小花の先端は鋭くとがる イヌビエ （p.104）
          └ 硬い第二小花の先端は鈍頭から鋭頭
            ┬ 第一包穎は環状の構造になる
            │ ………………………………… ナルコビエ （p.105）
            └ 第一包穎は鱗片状、または消失
              ┬ 小穂の縁に微毛が生えるか無毛
              │ ………………………………… スズメノヒエ （p.109）
              └ 小穂の縁に長くて白い毛が生える
                ┬ 総は 10~20 個 … タチスズメノヒエ （p.107）
                └ 総は 3~7 個 …… シマスズメノヒエ （p.108）
```

ササクサ
退化した小花
大きな小花

チヂミザサ
芒

カズノコグサ
包穎

ウシクサ
有柄小穂
芒
護穎
柄

ナルコビエ
第一包穎

スズメノヒエ
微毛か無毛

シマスズメノヒエ
長い白毛

グループ 5 （小穂が密につき、花序が円柱形）

- 花序全体が白い毛におおわれる……………………… **チガヤ**（p.125）
- 小穂に毛があることはあるが、花序全体はおおわれない
  - 包頴の下に刺毛がある
    - 小穂は刺毛と一緒に脱落する…………… **チカラシバ**（p.116）
    - 花序に刺毛を残し、小穂のみで脱落する
      - 硬い第二小花は包頴と第一小花の護頴に包まれて外から見えない……………………………**エノコログサ**（p.110~111）
      - 硬い第二小花は包頴と第一小花の護頴の隙間から見える
        - 刺毛は緑色…………**アキノエノコログサ**（p.110~111）
        - 刺毛は金色………………**キンエノコロ**（p.110~111）
  - 護頴や包頴に芒があることはあるが、包頴より下に刺毛はない
    - 護頴に芒がない
      - 包頴の背は明らかに2つに折れる
        - 護頴は透明な膜質。1小花からなる …… **オオアワガエリ**（p.49）
        - 護頴は不透明で光沢がある。基部に退化した鱗片状の小花が2つある
          - 花序は楕円形……………………… **カナリークサヨシ**（p.52）
          - 花序ははじめは円柱形だが、後で枝を開き円錐形になる
          ………………………………………… **クサヨシ**（p.51）
      - 包頴の背は円い
        - 葉舌は短い膜状。果実は護頴と内頴に包まれるので外から見えない …………………………………… **ハイヌメリ**（p.103）
        - 葉舌は毛の列になる。熟すと果実や種子が露出する
          - 葉の縁に基部のふくれた毛がない **ネズミノオ**（p.94）
          - 葉の縁に基部のふくれた毛がある … **ヒゲシバ**（p.95）
    - 護頴に芒がある
      - 護頴の芒は先端のみからでる
        - 小花は2~3個。包頴には芒がない **カニツリグサ**（p.65）
        - 小花は1個。包頴にも芒がある … **ヒエガエリ**（p.55）
      - 護頴の芒は基部近くから出る
        - 包頴は線形で長毛が生える。護頴の先端は芒状になる
        ………………………………………… **ウサギノオ**（p.63）
        - 包頴は無毛か、竜骨のみに毛が生える。護頴の先端は芒状にならない
          - 花序は狭い卵形で先端がとがる。小花は3個だが、第一、第二小花は護頴のみに退化し、第三小花のみ稔る…… **ハルガヤ**（p.62）
          - 花序は円柱形。小花は1個
            - 葯はオレンジ色で、小穂は長さ4mm以下
            ………………………………………**スズメノテッポウ**（p.46）
            - 葯は白色で、小穂は長さ4mm以上 ……… **セトガヤ**（p.47）

グループ 6（小穂がまばらで、花序は円錐形）

- 花序の中に形や性の異なる 2 種類の小穂がある
  - 芒のある小穂は卵形で、光沢がある
    - ……………………………………………… **セイバンモロコシ**（p.130）
  - 芒のある小穂は狭卵形から皮針形
    - 葉の幅は 2～6 mm ……………… **ヒメアブラススキ**（p.131）
    - 葉の幅は 2～3 cm ……………………………… **マコモ**（p.20）
- 小穂はどれも同形・同性
  - 小穂の下に刺毛がある…………………………… **イヌアワ**（p.112）
  - 小穂の下に刺毛がない
    - 葉身や葉鞘にビロードのような毛が生える。第一小花に芒はなく、第二小花には乾くと曲がる芒がある … **シラゲガヤ**（p.38）
    - 葉身や葉鞘が無毛か、第二小花に曲がった芒はない
      - 登実小花は 1 個
        - 1 個の登実小花と 2 個の包穎のほかに雄性小花や小花の痕跡がある
          - 熟しても小花が脱落しない………………… **イネ**（p.18）
          - 熟すと小花が脱落する
            - 痕跡も含めて 3 小花からなる
              - 第一、第二小花は雄性………… **コウボウ**（p.61）
              - 第一、第二小花は護穎のみに退化する
                - 第一、第二小花の護穎は長さ 1 mm 未満で先に毛が生える
                  - ……………………………………… **クサヨシ**（p.51）
                - 第一、第二小花の護穎は包穎より長く、先端がとがる
                  - …………………………………… **ホガエリガヤ**（p.24）
            - 痕跡も含めて 2 小花からなる
              - 第二小花は包穎より硬い
                - 粘る芒があり、葉身は波打つ……… **チヂミザサ**（p.100）
                - 芒はなく葉身は波打たない
                  - 小穂の柄に刺がない…… **ヌカキビ**（p.101）
                  - 小穂の柄に刺がある…**オオクサキビ**（p.102）
              - 第二小花は包穎より柔らかい
                - 護穎の先端はとがるが芒はない……… **トダシバ**（p.119）
                - 護穎から長い芒が出る
                  - 花序の枝は垂れる………………… **アブラススキ**（p.121）
                  - 花序の枝は斜上する……… **オオアブラススキ**（p.120）
      - 1 個の登実小花と 2 個の包穎以外に穎片がない
        - 包穎がない……………………………… **エゾノサヤヌカグサ**（p.19）
        - 包穎がある
          - 包穎にも護穎にも芒がある…… **ヒエガエリ**（p.55）
          - 包穎には芒がない
            - 包穎は護穎よりも短い

- 護穎に芒がない。熟した果実は小穂からはみ出る
  ………………………………………… **タツノヒゲ** (p.30)
- 護穎の先端に芒がある。果実は熟しても小穂からはみ出さない。
  - 包穎は鱗片状で、小花より著しく短い
    ………………………………… **コウヤザサ** (p.21)
  - 包穎は小花の 1/2 長
    ………………………………… **ネズミガヤ** (p.96)
- 包穎は芒を除いた護穎よりも長いか同長
  - 護穎の先端から出る芒がある
    - 円錐花序は枝が直立し、包穎は 5~7 脈がある
      ………………………………… **ヒロハノハネガヤ** (p.22)
    - 円錐花序は枝が開き、包穎は 3 脈がある
      ………………………………………… **ハネガヤ** (p.23)
  - 護穎に芒はないか、あっても背面から出る
    - 護穎は光沢があり、熟すと黒くなる
      ………………………………… **イブキヌカボ** (p.39)
    - 護穎には光沢がなく、熟しても黒くならない
      - 基毛はないか、ごく短い
        - 内穎は護穎の半分ほどの長さ
          ………………………………**コヌカグサ** (p.56)
        - 内穎はごく短い ………… **ヌカボ** (p.57)
      - 基毛は小花の 1/3 以上の長さ
        - 基毛は小花より長い ……… **ヤマアワ** (p.60)
        - 基毛は小花より短い
          - 芒は小穂の外に突き出る
            ………………………………… **ノガリヤス** (p.58)
          - 芒は小穂の外に突き出ない
            ………………………… **ヒメノガリヤス** (p.59)
- 登実小花は 2 個以上
  - 芒は護穎の背面から出る
    - 小穂は 15~25 mm ……………………………………… **カラスムギ** (p.64)
    - 小穂は 2.5~3.2 mm ……………………………………… **ヌカススキ** (p.50)
  - 芒はないか、護穎の先から出る
    - 円錐花序の各節につく枝は 1~2 本で、小穂は長い枝先に密集する
      ………………………………………………………… **カモガヤ** (p.37)
    - 円錐花序の各節につく枝は多数、または、小穂は枝先に密集しない
      - 護穎に芒がある
        - 葉舌は短毛の列になる

グループ6続き（小穂がまばらで、花序は円錐形）

- 葉身は長さ10 cmより長く、第一包穎は3脈 … **ウラハグサ**（p.82）
- 葉身は長さ10 cmより短く、第一包穎は1脈
  ……………………………………… **チョウセンガリヤス**（p.87）
- 葉舌は膜状
  - 護穎の下半分に長い毛がある……………………… **ダンチク**（p.81）
  - 護穎は無毛
    - 芒は乾燥すると反り返る……………………… **カニツリグサ**（p.65）
    - 芒は反り返らない
      - 雄しべは1~2個、葉の幅は2 mm未満 … **ナギナタガヤ**（p.31）
      - 雄しべは3個。葉の幅は1 mm以上
        - 小穂は長さ1.5 cm未満
          - 第一包穎は短く、長さ約1 mm ………… **トボシガラ**（p.33）
          - 第一包穎は長さ約2 mm以上
            - 葉耳が発達する。護穎は急に細くなり芒になる。芒は長さ約1 mm ……………… **オニウシノケグサ**（p.34）
            - 葉耳があまり発達しない。護穎は徐々に細く芒に移行する。芒は長さ約2 mm以上
              ……………………………… **オオウシノケグサ**（p.32）
        - 小穂は長さ1.5 cmを超す
          - 護穎の背面は強く2つに折れ、小穂は左右に強く扁平になる…… **イヌムギ**（p.68）
          - 護穎の背面は円く、小穂は円筒形からやや左右に扁平になる
            - 第一包穎は3~5脈 … **スズメノチャヒキ**（p.66）
            - 第一包穎は1脈
              - 護穎の先は徐々に細くなり芒になる
                ……………………… **キツネガヤ**（p.67）
              - 護穎の先は2裂しその間から芒が出る
                ………… **ヒゲナガスズメノチャヒキ**（p.69）
- 護穎に芒はない
  - 小花はかならず2個で、硬い ……………… **チゴザサ**（p.118）
  - 小花の数は一定でなく、柔らかい
    - 小花に長い基毛がある
      - 基毛は護穎より短い………………………… **ヌマガヤ**（p.83）
      - 基毛は護穎と同長
        - 走出枝はない。第一包穎の長さは第一小花の護穎の半分以下
          ……………………………………………… **ヨシ**（p.84）
        - 長い走出枝を出す。第一包穎の長さは第一小花の護穎の半分以上
          ……………………………………… **ツルヨシ**（p.85）

- 小花の基毛はないか護穎より短い
  - 護穎の背は円い
    - 小穂は上を向く
      - 小花は 2~2.5mm で、花序の枝は斜上する
        ……………………………………………… **ドジョウツナギ**（p.26）
      - 小花は 2.5~3mm で、花序の枝は垂れる
        ……………………………………… **ヒロハノドジョウツナギ**（p.27）
    - 小穂の柄が曲がり、小穂は下や横を向く
      - 内穎は護穎よりかなり短い
        - 小穂は幅約 10 mm で、楕円形 ………… **コバンソウ**（p.53）
        - 小穂は長さ約 5 mm で三角形 ……… **ヒメコバンソウ**（p.54）
      - 内穎は護穎とほぼ同長
        - 小穂は皮針形。枝が発達した円錐花序をつける
          ……………………………………………… **ミチシバ**（p.29）
        - 小穂は楕円形。十数個の小穂をつけた細い花序をつける
          ……………………………………………… **コメガヤ**（p.28）
  - 護穎の背は竜骨がある
    - 護穎の背は無毛
      - 小穂の柄に腺がある
        - 稈の基部は円柱形………………… **コスズメガヤ**（p.90）
        - 稈の基部は扁平……………………… **カゼクサ**（p.88）
      - 小穂の柄に腺がない
        - 高さ 60 cm を超す大型の草
          ………………………………… **シナダレスズメガヤ**（p.89）
        - 高さ 30 cm 以下の小型の草 ……… **ニワホコリ**（p.91）
    - 護穎の背に毛が生える
      - 花序の枝は平滑……………… **スズメノカタビラ**（p.40）
      - 花序の枝はざらつく
        - 内穎の竜骨に軟毛が生える
          - 護穎の脈間に密に毛が生える
            ……………………………………… **ミゾイチゴツナギ**（p.41）
          - 護穎の脈間の毛は少ない **オオイチゴツナギ**（p.42）
        - 内穎の竜骨は粗渋
          - 葉鞘や稈は平滑……………………… **ナガハグサ**（p.45）
          - 葉鞘や稈は粗渋
            - 花序の枝は斜上し、葉舌は細くとがる
              ……………………………………… **イチゴツナギ**（p.43）
            - 花序の枝は開き、葉舌は三角形
              ……………………………… **オオスズメノカタビラ**（p.44）

イネ亜科／イネ連

イネ
Oryza sativa

花期：7〜9月。**分布**：アジア原産。栽培植物。**生活型**：一年草。**識別点**：登実小花は1つだけで、その基部に小さな鱗片状の護穎が2個ある。多くのイネ科は1つの小花に雄しべが3個であるが、イネの第三小花には雄しべが6個ある。

世界3大穀物の1つとして盛んに栽培される。

熟しても小穂は脱落しない。

高さ60〜90 cm。

全形　　×1

葉舌は高さ8〜15 mmと、大きい。

小穂

登実小花は1つだけで、その基部に護穎のみに退化した第一小花と第二小花がある。

小穂基部

第三小花

第一小花の護穎　　第二小花の護穎

第二包穎　　小穂基部

第一包穎

エゾノサヤヌカグサ
Leersia oryzoides

花期：9~11月。**分布**：北 ~ 九。**生活型**：多年草。
識別点：サヤヌカグサ属 *Leersia* の小穂はイネに似ているが、包穎や第一小花、第二小花は完全に退化している。雄しべも3個。よく似たサヤヌカグサより、小穂の幅が広く、葉身が長く（長さ15~25 cm）、黄色みが強い。

水辺や湿地に生える。

全形
高さ50~90 cm。

小穂

× 0.5

サヤヌカグサ *L. sayanuka* は本種に比べて花序は小さく、小穂の幅が狭く、葉身も短く（長さ7~10 cm）、青みの強い緑色をしている。

× 1

小穂

包穎や第一小花、第二小花は完全に退化している。

節

葉舌はとても短い（高さ0.5 mm）

下向きの毛が密生する。

マコモ
Zizania latifolia

イネ亜科／イネ連

花期：8~10月。分布：北~琉。生活型：多年草。識別点：高さ1~2m、葉身は幅2~3cmになり、大型の円錐花序は、枝の上半部に雌小穂、下半部に雄小穂をつける。

池や沼などに生え、太く長い地下茎がある。

雌小穂は緑白色で長い芒がある。

雄小穂は紫褐色で、開花後は柄を残して散る。

小穂

雌　雄

小穂は雌雄ともに1小花からなり、包穎は消失する。右は雄小穂で、護穎は長さ10~12mm、内穎は少し短く、ともに膜質で赤褐色の葯が透けて見える。左は雌小穂で、護穎は長さ15~20mmで革質。

×1

コウヤザサ

Brachyelytrum japonicum

花期：7~8月。分布：本~九。生活型：多年草。識別点：円錐花序は直立し、少数の枝を分け、小穂は1小花からなり、包穎は鱗片状、護穎の先は長い芒になる。

山地の落葉広葉樹林内に生える。

葉は有毛、葉鞘や葉身縁の毛が目立つ。

高さ30~60 cm。 **全形** ×1

円錐花序は少数の短い枝をつける。

小穂は1小花からなり、長さ8~10 mm、護穎の先は長い芒になる。

小穂 / 芒 / 護穎

2個の包穎は小さく、第一包穎は長さ0.5mm以下、第二包穎は長さ約2mm。小花の基盤には短毛がある。

小穂基部 / 第一包穎 / 第二包穎

護穎（左）と内穎（右）はほとんど同長、内穎の背面からは内穎より少し短い小軸突起が突き出ている。

小穂 / 護穎 / 内穎 / 小軸突起

イチゴツナギ亜科／コウヤザサ連

イチゴツナギ亜科／ハネガヤ連

ヒロハノハネガヤ
Achnatherum coreanum

花期：8~9月。分布：北～九。生活型：多年草。識別点：円錐花序の枝は少なく、直立するため、総状花序に見える。

山地の落葉広葉樹林内に生える。高さ 50~80 cm。

円錐花序は少数の短い枝をつける。

小穂には長い芒があり、熟すと包穎を残して落ちる。

小穂は1小花からなり、長さ 12~15 mm、2個の包穎は小穂と同長で 5~7 脈がある。

護穎は淡褐色で有毛、先は長い芒になり、内穎は護穎と同質で少し短い。

葉舌は高さ 1 mm 以下、葉鞘背面の口部近くに毛列（矢印）がある。節は無毛。

×1

根茎の節は短い。

ハネガヤ

Achnatherum pekinense

花期：8~9月。**分布**：北~本。**生活型**：多年草。**識別点**：円錐花序は斜開し、1節に3~6個の枝を出す。

林縁や落葉広葉樹林内に生える。

葉鞘口部は有毛。

根茎の節は短い。

円錐花序は枝が多く、小穂には長い芒がある。

× 1

イチゴツナギ亜科／ハネガヤ連

全形
高さ80~160cm。

枝はほぼ輪生し、さわるとざらつく。

小穂は1小花からなり、長さ8~12mm。2個の包穎は小穂と同長で3脈がある。護穎は包穎より短く、淡褐色で有毛、先は長い芒になる。内穎は護穎より少し短い。写真では護穎と内穎にはさまれて長い葯が見える。

23

イチゴツナギ亜科／ホガエリガヤ連

ホガエリガヤ
Brylkinia caudata

花期：5~6月。**分布**：北~九。**生活型**：多年草。**識別点**：花序の中軸は直立するが、小穂は下や横を向く。小穂は左右に扁平な3小花からなる。

円錐花序はほとんど枝を出さないので総のように見える。

小穂の柄は花序の中軸の近くで曲がり、小穂は下を向く。

葉鞘は口が閉じて筒状になる。

× 1

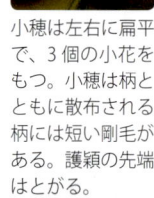

小穂

小穂は左右に扁平で、3個の小花をもつ。小穂は柄とともに散布される。柄には短い剛毛がある。護穎の先端はとがる。

小花と包穎

芒
第一小花
第三小花
第二小花
包穎

第一小花と第二小花は護穎のみに退化する。第三小花の芒が最も長く、この小花のみが雄しべと雌しべをもつ。

山地の林内に生える。高さ20~40 cm。

ムツオレグサ
Glyceria acutiflora subsp. *japonica*

花期：4~6月。**分布**：本～琉。**生活型**：多年草。**識別点**：ドジョウツナギ属 *Glyceria* は、小花の基毛や護穎の芒がなく、脈があり、背は円い。本種は細長い小穂と、護穎よりも長く伸びた内穎が特徴。

水田などの湿地に生える。稈は長くはい、節から発根する。

…… 円錐花序の先端では、総のように見える。

葉鞘口部

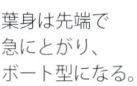
葉舌 ……

全形
高さ20~60cm。

葉舌は高さ3~5mm。

小穂は細長く、花序の中軸に沿ってつく。

包穎は小さく、長さ3~5mm。

葉身は先端で急にとがり、ボート型になる。

×1

イチゴツナギ亜科／コメガヤ連

小穂基部／小穂

小穂は長さ2.5~5cmの細い円柱形で、8~15小花を含む。

小穂の一部／2裂した内穎／護穎

小花の先に、2裂した内穎が護穎より出て見える。

小花／内穎／護穎

内穎は護穎よりも長い。護穎には7脈があり、長さ7~11mm。

25

イチゴツナギ亜科／コメガヤ連

ドジョウツナギ
Glyceria ischyroneura

花期：4~6月。**分布**：北~琉。**生活型**：多年草。**識別点**：葉鞘は口が閉じて筒状になる。小花をつなぐ小軸は湾曲している。

水田や河辺など湿った場所に生える。

小穂は長さ4~7 mmで、4~9小花を含む。小花どうしの重なりが少ない。小花の隙間を通るように小軸がジグザグに湾曲している。

花序の枝は硬く、斜上する。

小花は2~2.5 mm。護穎に7脈があり、隆起する。小軸は湾曲する。

全形
高さ30~70 cm。

×1

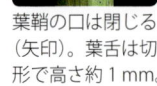
葉鞘の口は閉じる（矢印）。葉舌は切形で高さ約1 mm。

ヒロハノドジョウツナギ

Glyceria leptolepis

花期：7~9月。**分布**：北~九。**生活型**：多年草。
識別点：葉鞘は筒状、円錐花序は直立し散開、多数の小穂をまばらにつける。小穂は5~7小花からなり、無芒。

イチゴツナギ亜科／コメガヤ連

小穂は長さ6~8mm、5~7小花を含む。包穎は膜質で1脈、第一包穎は長さ1~1.5mm、第二包穎は長さ約2mm。

根茎は長くはい、茎は単立する。高さ100~150cm。山地の湿地に生える。

円錐花序は枝が多く、多数の小穂をまばらにつける。

葉鞘口部

葉身や葉鞘は無毛。葉鞘の口は完全な筒状で葉舌は高さ1mm以下。

護穎は長さ3~4mm、内穎は少し短く、竜骨が弓なりにカーブする。葯は長さ0.5~0.7mm。

×1

イチゴツナギ亜科／コメガヤ連

コメガヤ
Melica nutans

花期：4~5月。**分布**：北~九。**生活型**：多年草。**識別点**：コメガヤ属 *Melica* は、芒や基毛がなく、小穂が下や横を向く。コメガヤは円錐花序の枝をほとんど出さず、小穂は米粒のような楕円形をしている。

円錐花序はほとんど枝を出さないので総のように見える。

林縁や草地に生える。

小穂の柄は曲がり、小穂は下や横を向く。

全形
高さ 20~50 cm。

しばしば葉身や葉鞘、包穎などが紫色を帯びる。

×1

包穎はしばしば紫色を帯びる。

両性小花はふつう2個で、上方に護穎のみに退化した小花がつく。

ミチシバ
Melica onoei

花期：8〜9月。分布：本〜九。生活型：多年草。別名：ハナビガヤ。識別点：枝が発達した円錐花序をつけ、小穂は皮針形をしている。

林縁や林床に生える。稈の基部には葉身のない葉鞘が多数ある。

高さ90〜150 cm。

全形

葉鞘には下向きの剛毛が生える。

×1

小穂の柄は曲がり、小穂は下を向く。

小穂は長さ6〜9 mmで、3〜5小花を含む。包穎は透明な部分が多いが、護穎は縁だけが透明で、より質が厚い。

イチゴツナギ亜科／コメガヤ連

イチゴツナギ亜科／タツノヒゲ連

タツノヒゲ
Neomolinia japonica

花期：6~8月。 分布：北~琉。生活型：多年草。識別点：円錐花序はきわめてまばらで、結実期には果実上半が裸出する。

円錐花序は、各節に1~2個の枝を出し、枝先に小穂をつける。

開いた小穂

内頴／護頴／第一包頴／第二包頴

小穂は1~4小花からなり、包頴は小さく、白色膜質で長さ1~1.5 mm、護頴は長さ2~3 mmで背面は丸い。第三小花が開き、内頴が見える。

開花時の小穂

左の小穂は4小花、右の小穂は3小花からなり、第一小花が開いている（矢印）。

山地の落葉広葉樹林内に生える。高さ30~80 cm。

… 葉身は両面ともに光沢があり、基部近くでねじれて裏面が上を向く。

果実期の小穂

多くは1小花のみが結実、写真は緑色の果実が裸出、果実先端は色が淡く乳頭状になる。

葉鞘口部／節

葉舌は高さ0.5~1 mm。節は無毛。

×1

ナギナタガヤ
Vulpia myuros

花期：6~8月．**分布**：ヨーロッパ～西アジア原産。**生活型**：一年草。**識別点**：糸状に巻いた細い葉や、長い芒をもつ細い小穂を互生させた円錐花序の先が特徴的。

草地や道端に生える。

葉身は内に巻いて糸状になる。

小穂／芒／小花／包穎

小穂は3~7小花からなる。芒は長さ8~15 mm。

円錐花序の枝はあまり発達しないので、花序の先端だけを見ると総状花序に見える。

包穎／第一包穎／第二包穎

第一包穎は1~2 mmで、第二包穎の半分より明らかに短い。

護穎／小軸

護穎の縁には長い毛はない。

全形 高さ10~50 cm。

×1

イチゴツナギ亜科／イチゴツナギ連

イチゴツナギ亜科／イチゴツナギ連

オオウシノケグサ
Festuca rubra

花期：5~7月。分布：北～九、北半球温帯、亜寒帯。生活型：多年草。
別名：レッドフェスク。
識別点：第一小花の護穎が長さ 5~6mm と大きい。護穎の背は丸く、脈ははっきりとしない。よく似たウシノケグサ *F. ovina* のように株ごとまとまって抜けない。

在来の植物でもあるが、身近には牧草や緑化に由来する帰化の系統が多い。

小穂
第一小花
包穎

小穂は 3~9 小花からなる。

小花
芒
護穎側　内穎側

護穎は長さ 5~6mm、徐々に細くなり、先端は芒になる。

花序の枝はもっと多いものもある。

上方の葉身

幅は約 3mm、上面に溝がある。

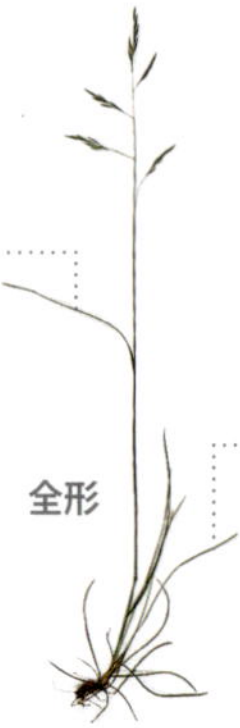

全形

高さ 15~90 cm。　×1

基部の葉身の断面

基部の葉身は、しばしば 2 つに折れて内に巻き細くなる。

トボシガラ

Festuca parviglumа

花期:4~6月。**分布**:北~九。**生活型**:多年草。**識別点**:包穎は前の2種よりも短く卵形。護穎と同じくらい長い芒をもつ。

小穂は枝先につく。

円錐花序は垂れる。

小穂は3~5小花からなる。

林床や林縁、草地に生える。

各節から1本の長い枝を出す。

全形
高さ20~50 cm。

×1

第一包穎は約1 mm、第二包穎は約1.5 mm。

護穎の先に護穎本体と同じくらい長くてしなやかな芒をもつ。

オニウシノケグサ

Schedonorus arundinaceus

花期：5~7月。**分布**：ユーラシア原産。**生活型**：多年草。**別名**：トールフェスク。**識別点**：ヒロハノウシノケグサ属 *Schedonorus* は護穎の背が丸く、イチゴツナギ属 *Poa* のように護穎の脈に毛が生えることも、ドジョウツナギ属 *Glyceria* のように脈が隆起することもない。オニウシノケグサは品種改良が加えられた植物なので変異が多い。ヒロハウシノケグサ *S. pratensis* とは芒や葉耳に短毛があることなどで区別する。

牧草や緑化に由来する帰化植物で、道端や草原に生える。葉の幅は3~10 mm。

高さ40~160 cm。

全形 ×1

花序はヒロハウシノケグサより大きく、小穂の数も多い。

小穂は3~6小花からなる。

護穎側 内穎側 短い芒がある。護穎の背は丸い。内穎は護穎とほぼ同長。

葉耳（矢印）が発達し、縁に短毛がある。

ホソムギ

Lolium perenne

花期:5~7月。**分布**:ヨーロッパ~アジア西部原産。**生活型**:多年草。**別名**:ペレニアルライグラス。**識別点**:1本の総からなる花序をもつ種では、多くの場合小穂の側面を花序の中軸に向けるが、ドクムギ属 *Lolium* の種は小穂は第一小花の竜骨を花序の中軸に向ける。頂小穂以外の小穂の第一包穎がない。ホソムギの典型的なものでは、小花は6~10個で、護穎に芒がなく、花序の中軸は平滑で、若葉は葉鞘内で2つに折れる。

頂小穂のみ2個の包穎がある。

小花は6~10個。側小穂には第一包穎がない。

小花 芒は短いかない
護穎側　内穎側

牧草や緑化に使われる帰化植物。草地や道端に生える。多年草なので一部の稈からだけ花序を出す。

花序の中軸は平滑なことが多い。

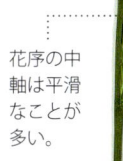

若葉

若い葉身は葉鞘の中で2つに折れている。

×1

花序の出ない稈もある。

全形
高さ20~90cm。

イチゴツナギ亜科／イチゴツナギ連

イチゴツナギ亜科／イチゴツナギ連

ネズミムギ
Lolium multiflorum

花期：5~7月。**分布**：ヨーロッパ~北西アフリカ原産。**生活型**：一年草。**別名**：イタリアンライグラス。**識別点**：牧草などに使うため、ホソムギやウシノケグサ属と掛け合わせて品種改良が行われているので、種内変異が大きく、種間の境界が不明瞭。典型的なものでは、小花は8~20個で、護穎に芒があり、花序の中軸はざらつき、若葉は葉鞘内で巻く。

牧草由来の帰化植物。草地や道端に生える。一年草なので、ほぼすべての稈に花序が出る。

花序が枝分かれすることがあり、**エダウチネズミムギ** f. *ramosum* と呼ばれる。

花序の中軸はざらつくことが多い。

全形
高さ30~120 cm。

×1

頂小穂のみ2個の包穎がある。

小穂
第二包穎
第一小花

小花は8~20個。第一小花は中軸側にある。

中軸

中軸はざらつく。

小花
芒
護穎

護穎に芒がある。

若葉

若い葉身は葉鞘の中で巻いている。

カモガヤ
Dactylis glomerata

花期：5~7月。分布：ユーラシア原産。生活型：多年草。別名：オーチャードグラス。識別点：円錐花序の各節につく枝は1~2本で、小穂は長い枝先に密集する。

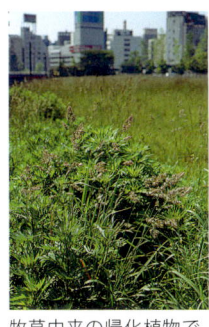

牧草由来の帰化植物で、道端や草地に生える。

花序は、若いうちは枝が直立し、狭卵形をしているが、後に枝が開出する。

小穂は枝の先端に密集してつく。

小穂は4~6小花からなる。左右に扁平で、包穎や護穎に竜骨がある。包穎の縁は透明な膜質。

全形
高さ40~160cm。

×1

円錐花序の枝は長い。

護穎には短い芒があり、竜骨に長毛がある。

イチゴツナギ亜科／イチゴツナギ連

37

イチゴツナギ亜科／イチゴツナギ連

シラゲガヤ
Holcus lanatus

花期：6月。**分布**：ヨーロッパ～西アジア原産。**生活型**：多年草。**別名**：ベルベットグラス。**識別点**：葉身や葉鞘、小穂がビロード状の毛におおわれていて、包穎に包まれた小さい2小花があり、第二小花に曲がった芒があることなどで識別できる。

草地や道端に生える牧草由来の帰化植物。高さ30～90cm。

節

植物体全体がビロード状の毛におおわれる。

遠目に白く見える。

植物体全体に微毛が密に生える。

×1

小穂　小花／第二包穎／第一包穎

小穂は長さ約4mm。包穎に2個の小花が包まれる。第一包穎は1脈、第二包穎は3脈がある。

小花　芒／内穎／両性小花／雄性小花／護穎

護穎は平滑。第一小花には芒がなく両性。第二小花は乾くと曲がる芒があり、雄性。

イブキヌカボ
Milium effusum

花期:4〜5月。**分布**:北〜九。**生活型**:多年草。**識別点**:花序の枝が直角からやや下向きに開出する。小穂は芒のない1小花からなり、小花は褐色に熟す。

円錐花序は細長く、長さ15cmを超す。

山地の林縁に生える。根茎がはう。高さ60〜120cm。

小穂
葯
雌しべの柱頭

花期の小穂。葯と雌しべの柱頭が見える。

花序の枝や小穂の柄はざらつく。

×1

花序の枝は直角からやや下向きに開出する。

葉舌

葉舌は膜状で、高さ4〜10mm。

小穂
護穎
包穎

包穎に包まれた1小花を含む。包穎には3脈がある。護穎は包穎より質が硬く光沢がある。

イチゴツナギ亜科／イチゴツナギ連

イチゴツナギ亜科／イチゴツナギ連

スズメノカタビラ
Poa annua

花期：3~6 月。**分布**：北～琉。**生活型**：一年草。
識別点：イチゴツナギ属 *Poa* には見分けにくい種が多いが、植物体が小さく、円錐花序の枝が平滑で、第二包穎が菱形をしていれば本種とわかる。本書に載せた他の本属の種は、花序の枝を先端から基部に向けてこするとざらつく。

路傍や芝生、畑に生える。この写真は田植え前の水田。

花序の枝は 1~2 個で平滑。

一番上の葉身は、しばしば短い。

高さ 5~30 cm。全体に柔らかい。

葉先 **葉舌**

葉先は急にとがり、ボート型になる。葉舌は膜質で高さ 2~3 mm。

×1

小穂 肩 第二包穎

小穂は 2~6 小花からなり、先端の小花は雌花になることがある。しばしば赤紫色を帯びる。第二包穎はやや基部で幅が広い菱形で、肩がある。

小花 護穎 内穎 綴り毛

護穎は 3~4 mm で、5 脈がある（側面から見て 3 脈見える）。基部にはわずかに「綴り毛」という長い縮れた毛がある。内穎(左)には 2 つの竜骨があり、寝た軟毛が生える。

小穂の柄 刺

小穂の柄は、ほぼ平滑だが、まれに刺がある。

ミゾイチゴツナギ

Poa acroleuca

花期：4~5月。**分布**：北～琉。**生活型**：一年草。
識別点：内穎の竜骨と護穎の脈間に毛が多い。葉の幅には変異が多い。基部の節間がふくらむ型は変種タマミゾイチゴツナギ var. *submoniliformis* といい、西日本や太平洋側に多い。

イチゴツナギ亜科／イチゴツナギ連

花序は柔らかく、先端や枝が垂れる。

小穂
小花
包穎

小穂は2~5小花からなる。

小花
内穎
護穎
綴り毛

護穎には5つの脈上のほか脈間にも毛が生える。内穎の竜骨にも毛が生える。

路傍や草地に生える。

高さ20~80 cm。

葉舌

葉舌にはふつう下向きの毛が生える。次種オオイチゴツナギではふつう平滑。

花序の枝

花序の枝はふつう2個。

全形

花序の枝を、先から元に向けてこするとざらつく

×1

イチゴツナギ亜科／イチゴツナギ連

オオイチゴツナギ
Poa nipponica

花期:5~6月．**分布**：北~九。**生活型**：一年草。**識別点**：内頴の竜骨には毛が生え、護頴の脈間には毛がほとんどない。

花序は卵形でミゾイチゴツナギより短い。

花序の枝はミゾイチゴツナギと同じようにざらつく。

一番上の葉身は、しばしば短い。

葉身の先はボート型で、急にとがる。

全形
路傍や芝生に生える。高さ20~50 cm。
×1

小穂 小花 包頴

小穂は長さ4~5.5 mmで、3~6小花からなる。

小花

小花の脈に毛が多いが、脈間には毛が少ない。

イチゴツナギ

Poa sphondylodes

花期：5~6月。**分布**：北～九。**生活型**：多年草。**識別点**：これ以下3種のイチゴツナギ属植物は内穎の竜骨に毛ではなく刺状突起がある。イチゴツナギは葉舌が長くて細くとがり、花序のすぐ下や節間がざらつく。花序のすぐ下は先端から根元に向かってこするとざらつく。

草地や路傍、土手、石垣などに生える。

花序の枝を、先端から基部に向けてこするとざらつく。葉舌は高さ4~8mmで、細く尾状にとがる。

花序の枝は斜上し、花序全体が細い。

花序のすぐ下の茎や葉鞘はざらつく。

葉身は開出してつく。

全形 高さ30~80cm。

×1

小穂は2~5小花からなる。内穎の竜骨はざらつく（刺状突起が並ぶ）。栄養状態の悪い個体では、小花がなく包穎のみになることもある。

小花には綴り毛がある。オオスズメノカタビラに比べて護穎の竜骨はまっすぐで細長い。

イチゴツナギ亜科／イチゴツナギ連

43

イチゴツナギ亜科／イチゴツナギ連

オオスズメノカタビラ
Poa trivialis

花期：4~6月．**分布**：北~九。**生活型**：多年草。**識別点**：葉舌が幅の広い三角形をしていて、花序のすぐ下や節間がざらつく。花序のすぐ下は根元から先に向かってこするとざらつく。基部の節間がふくらむ型や、ざらつきの少ない型など、変異が多い。

花序の枝は多く、4~6本ずつ半輪生する。

下から上にこするとざらつく。

全形 高さ30~80 cm。

路傍や空き地に生える。

稈の基部の数節が肥厚する型がある。

×1

葉舌
葉舌は高さ3~10 mmで、幅の広い三角形になり、先はとがる。

小花 小穂 包穎
小穂は2~3小花からなる。上方の小花が小さくなる度合いが他の種より強く、護穎の先端が小穂の内側を向く。

小花 綴り毛
小花は綴り毛が生える。護穎の竜骨が曲がる。

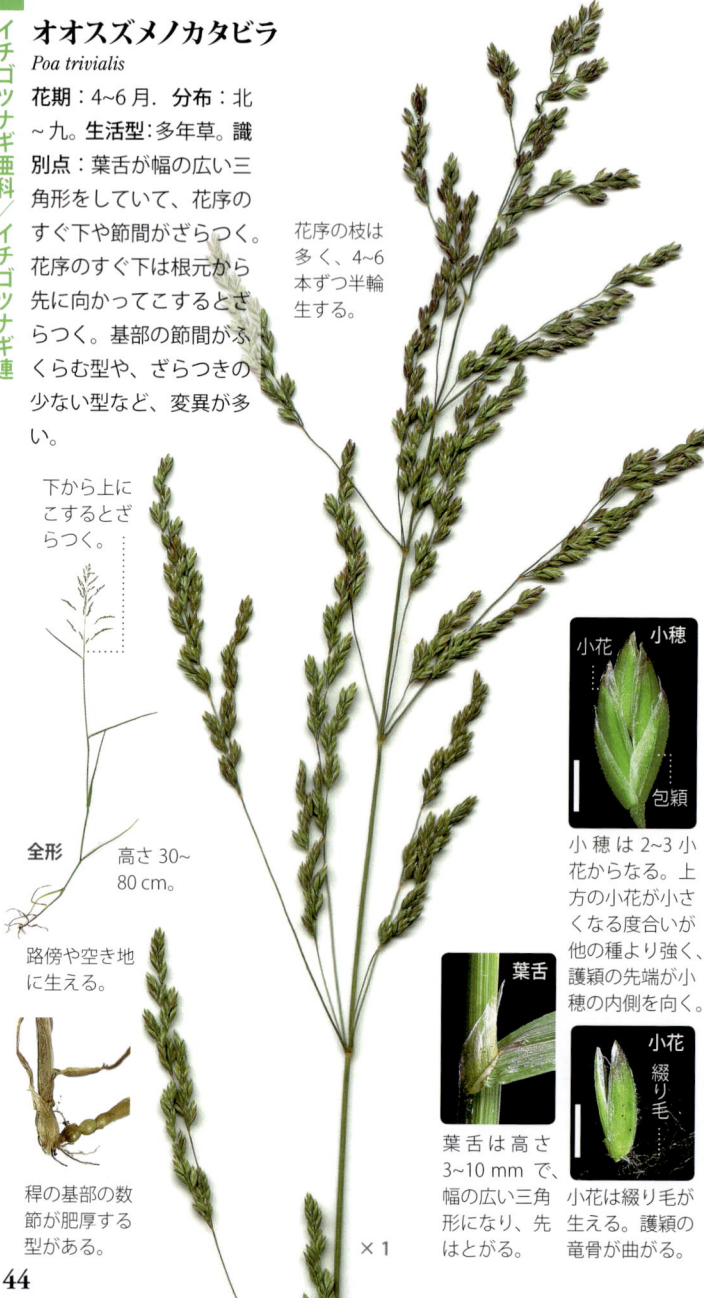

ナガハグサ

Poa pratensis

花期：5~6月．**分布**：北~九。**生活型**：多年草。
別名：ケンタッキーブルーグラス。**識別点**：葉鞘や稈などが平滑で、葉舌が円頭。根茎がはう。ナガハグサの仲間には、無花茎の葉身が長いホソバナガハグサ var. *angustifolia* や基部の葉耳に毛が多いミスジナガハグサ *P. humilis* などがあるが、本書では区別していない。

路傍や草地に生え、根茎をはわせて繁殖する。

葉身の先はボート型で、急にとがる。

葉舌は高さ0.5~4 mm で円頭。

×1

花序の枝は多く、4~6本が半輪生する。

稈は平滑

一番上の葉身は短く、茎に沿って上を向くことが多い。

高さ15~80 cm。

全形

小穂は2~6小花からなる。

小花は綴り毛が生える。

内穎の竜骨はざらつく。

イチゴツナギ亜科／イチゴツナギ連

イチゴツナギ亜科／イチゴツナギ連

スズメノテッポウ
Alopecurus aequalis var. *amurensis*

花期：4~6月。**分布**：本~琉。**生活型**：一年草。**識別点**：葯がオレンジ色をしているので、次種セトガヤと見分けられる。**その他**：変種ノハラスズメノテッポウ var. *aequalis* は、畑や路傍など、より乾いた場所に生え、花序が細く、小穂長が2~2.7mmと短く、芒は小穂外にほんの少しだけ出る。

田植え前の水田など、やや湿ったところに生える。

花序

スズメノテッポウ（左）は葯がオレンジ色をしているが、次種セトガヤ（右）は小穂が大きく、芒が長く出て、葯が白い。

小穂が密に集まった円錐花序。花序の枝は短く総のように見える。

高さ15~40cm。

全形

小穂　　葯
芒

長さ3~3.5mm。小花は1個。護穎の芒が少し外に出る。

包穎　　小花
芒

護穎の背から細い芒が出る。

小穂の比較

スズメノテッポウ（左）の小穂はノハラスズメノテッポウ（右）より大きい。

×1

セトガヤ
Alopecurus japonicus

花期：4～5月。分布：本～九。生活型：一年草。識別点：スズメノテッポウと同じような場所に生えるが、小穂が大きく、芒が長く出て、葯が白い。

田植え前の水田など、やや湿ったところに生える。

花序

芒が長く出て、葯が白い。

小穂が密に集まった円錐花序。葯は白い。

×1

全形

高さ20～50 cm。

小穂／芒／小花／包穎

小穂は長さ4～7 mm。護穎の芒は5～7 mmほどで、小穂の外に出る。

小花／芒／護穎

護穎は、下2/3ほどが縁で合着して筒状になる。

葉鞘口部

葉舌は膜質

イチゴツナギ亜科／イチゴツナギ連

イチゴツナギ亜科／イチゴツナギ連

カズノコグサ
Beckmannia syzigachne

花期：4~7月。**分布**：北~琉。**生活型**：一年草。**別名**：ミノゴメ。
識別点：小穂は1小花からなり、2個の包穎は同形で、背面が著しくふくれ、小花を包みこむ。和名は、このふくれた包穎が花序の枝に密集した様子を、数の子に見たてたもの。

田植え前の水田などの湿ったところに生える。

花序の枝
ふくれた小穂が密集する。

左右にそれぞれ5~20個の花序の枝を互生する。

小穂
包穎　　　包穎
2個の包穎は同形で、長さ3~3.5mm、背面が著しくふくれる。

開いた小穂　小花
包穎を左右に開くと1小花が現れる。

小花
護穎
狭卵形で長さ約3mm、5脈がある。

×1

全形
高さ30~80cm。

オオアワガエリ

Phleum pratense

花期：6~8月。**分布**：ユーラシア原産で日本全国に帰化。**生活型**：多年草。**別名**：チモシー。**識別点**：円柱状の長い花序に扁平な小穂が密集する。2個の包穎は同形、竜骨上に白色長毛が並び、竜骨の先は硬い芒になって突き出る。

牧草や緑化に利用され、路傍や土手などに帰化。

全形
高さ 50~100 cm。

円錐花序は多数の小穂が密集して円柱形。

× 1

花序の一部
扁平な小穂が密集し、包穎の先の芒が目立つ。

花序の枝
花序の枝に数個の小穂がつき、円錐花序とわかる。

小穂 **芒**
包穎 **包穎**
2個の包穎は同形同大、長さ 3~3.5 mm、竜骨上に白色長毛が並ぶ。

護穎 **小花**
包穎
2個の包穎を左右に開くと1小花が現れる。護穎は膜質で、包穎の 2/3~3/4 長。

イチゴツナギ亜科／イチゴツナギ連

イチゴツナギ亜科／イチゴツナギ連

ヌカススキ
Aira caryophyllea

花期：5~6月。**分布**：ヨーロッパ、西アジア、北アフリカ原産。**生活型**：一年草。**識別点**：芒をもつ小花を2個含む小さな小穂が特徴。小穂が小さい点はヌカボ属にも似るが、ヌカボ属は小花は1個。よく似たハナヌカススキ *A. elegantissima* は、ふつう第二小花のみに芒がある。

散開した円錐花序をつける。

小花が脱落した後も包穎は残り、花序が白っぽく見える。

路傍や空き地に帰化する。葉は下半分に集まる。葉身は巻いて細くなる。

全形
高さ10~30 cm。

×1

小穂 … 芒 … 包穎

2個の小花を含み、それぞれ芒が出る。包穎は膜質。同属のハナヌカススキは小穂の柄がより長く、ふつう第一小花に芒がない。

小花 … 芒

内穎側から見た小花（左）と護穎側から見た小花（右）。護穎は褐色で硬く、基部に毛があり、背からまっすぐな芒が出る。

クサヨシ
Phalaris arundinacea

花期：5~7月。**分布**：北~九。**生活型**：多年草。**識別点**：小花は包穎より小さく、光沢がある。第一、第二小花の護穎は長さ1mm未満で先に毛が生える。

水辺や湿った草地に生える。牧草由来の系統がより乾いた草地に帰化している。円錐花序ははじめは円柱形をしているが、やがて上のほうから枝を開く。

全形
高さ60~200cm。

小穂は枝先に密集する。

×1

イチゴツナギ亜科／カラスムギ連

小穂
第三小花
包穎

小穂は長さ4~5mmで左右に扁平。包穎は光沢のある小花を包む。

小花
護穎
内穎
第一、第二小花

稔るのは第三小花のみで、第一小花と第二小花は護穎のみに退化して小さく、先端から毛が生える。

イチゴツナギ亜科／カラスムギ連

カナリークサヨシ
Phalaris canariensis

花期：6月。分布：ヨーロッパ～シベリア原産。生活型：一年草。識別点：小穂が楕円形に密集した花序や左右に扁平な小穂が特徴。ヒメカナリークサヨシ *P. minor* は、退化小花の片方が極端に小さい。

路傍に生える帰化植物。

全形
高さ 30~100 cm。

× 1

…… 花序が入っていた名残で葉鞘はふくれる。

花序

1cm

円錐花序の枝が短く、小穂が楕円形に密集する。

小穂

翼

包穎

小穂は左右に扁平で、長さ 6~9 mm。包穎は 3 脈があり、中央の脈から翼が張り出す。

包穎と小花

第三小花　第一、第二小花

包穎

第一、第二小花は退化して護穎だけになり、第三小花の半分くらいの長さになる。第三小花だけが稔る。

コバンソウ
Briza maxima

花期:5~6月. **分布**:地中海原産。**生活型**:一年草。**識別点**:包穎や護穎は竜骨がなく、背がふくらんで丸くなる。若い小穂では小花が包穎に包まれていて小判の印象はないが、十分に育った小穂があれば容易に識別できる。

園芸用に栽培され、ドライフラワーにも使われる帰化植物。草地に生える。

全形
高さ 10~60 cm。

小穂は垂れる。若いうちは淡い緑色をしているが、熟すと黄色くなる。

×1

小穂は長さ 12~25 mm で、8~20小花からなる。包穎はしばしば紫色になる。上方の護穎に毛がある。

小花（左）と包穎（右）は外から見ると似ているが、内側から見ると小花には小さい内穎がある。

イチゴツナギ亜科／カラスムギ連

イチゴツナギ亜科／カラスムギ連

ヒメコバンソウ
Briza minor

花期：5~6月。分布：地中海原産。生活型：一年草。識別点：小穂の構造はコバンソウと同じだが、長さが4mm程度と小さく、三角形をしている。

多数の小穂が垂れてつく。

道端や草地に帰化する。

葉舌は膜状で 3~5 mm。

全形
高さ 8~60 cm。　　×1

小穂
小花
包穎

小穂は三角形で、4~8小花からなり、長さ約4mm。

小花
護穎　　内穎

外から見た小花（左）、護穎の外側には毛が生える。内側から見た小花（右）、小さい内穎がある。

ヒエガエリ
Polypogon fugax

花期:5~7月。分布:本～琉。生活型:一年草。識別点:小穂は1小花で、護穎、包穎とも芒がある。

やや湿った路傍や畑などに生える。

若い花序は閉じていて円柱形をしているが、開花するにつれて開く。さらに熟すにつれて枝が閉じる。

イチゴツナギ亜科／カラスムギ連

全形
高さ 15~60 cm。

包穎は粗渋で、縁が透明。先端が2裂し、その間から芒が出る。小花は平滑で5脈あり、護穎の先端から芒が出る。

×1

小穂
護穎の芒 / 包穎の芒 / 包穎の芒 / 柄

1小花があり、護穎にも包穎にも芒がある。小穂は柄とともに脱落する。

小花と包穎
小花 / 護穎の芒 / 包穎

イチゴツナギ亜科／カラスムギ連

コヌカグサ
Agrostis gigantea

花期：5~8月。**分布**：北半球温帯原産。**生活型**：多年草。**別名**：レッドトップ。**識別点**：小穂が1小花からなり、護穎が透明で、小軸突起や長い基毛がないことがヌカボ属 *Agrostis* の特徴。次種ヌカボと違い、護穎の半分ほどの長さの内穎がある。

円錐花序は多くの枝からなる。

開花中の小花
内穎

開花中であれば、小穂を分解しなくても内穎が見えることがある。

路傍や草地に生える。牧草や緑化のために品種改良された様々な系統が帰化しているので種内変異が大きい。

小穂　芒

芒のある小花の混じるものを**バケヌカボ** *A. ×dimorpholemma* という。

高さ40~100 cm。
×1

小穂
包穎

小穂は小さく2~2.5mm。包穎は紫色になることもある。

葯　小花　雌しべ
内穎　護穎

護穎の半分ほどの長さの内穎がある。

ヌカボ

Agrostis clavata
var. *nukabo*

花期：5~6月。**分布**：日本全土。**生活型**：一年草。
識別点：細い花序をつけ、葉身が開出してつき、草丈はコヌカグサより低い。1小花からなり、内穎はほとんど見えない。ヤマヌカボ var. *clavata* は、花序の枝が開出し、枝の基部寄りに小穂がない。

路傍や畑の周りの草地などに生える。

花序の枝は斜上し、花序が細く見える。

小穂は長さ 1.7~2.2 mm で1小花がある。包穎や苞はしばしば紫色を帯びる。

この写真は果実期。護穎の間から光沢のある果実が見えるが、コヌカグサのような大きさの内穎は見えない。

全形
高さ 30~60 cm。

× 1

イチゴツナギ亜科／カラスムギ連

イチゴツナギ亜科／カラスムギ連

ノガリヤス
Calamagrostis brachytricha
花期：9~12月。**分布**：北~九。**生活型**：多年草。**識別点**：ノガリヤス属は、ヌカボ属のように1小穂に1小花であるが、小花に基毛があることや護穎の質が厚いことなどが異なる。本種は次の2種と違って芒が小穂の外に伸び出る。

長さ10~30 cmと、円錐花序の大きさは変化が大きい。

草原や明るい林内に生える。

高さ50~130 cm。

全形

葉舌は高さ2~5 mm。

×1

小穂は長さ4~6 mmで、1小花がある。護穎の芒は小穂の外に突き出る。

護穎の基部近くの背から芒が出る。腹側に小軸突起がある。基毛は小花の1/3ほどの長さ。

ヒメノガリヤス

Calamagrostis hakonensis

花期：7~9月。**分布**：北~九。**生活型**：多年草。**識別点**：護穎の芒は短く、小穂の外に出ない。葉身と葉鞘の境目の外側に毛が生える。

円錐花序はしばしば紫色を帯びる。芒は包穎の外から見えない。

山の岩場や林床に生える。茎が垂れ、光沢のある葉の裏側を上に向ける。高さ30~70 cm。

葉鞘口部

葉耳

葉耳やその外側に毛が生える。

×1

小穂

小花

包穎

小穂は長さ3~5.5 mmで、1小花がある。基毛はノガリヤスより長く、小花の半分以上ある。

小花

護穎

芒

芒は護穎よりも短い。

イチゴツナギ亜科／カラスムギ連

イチゴツナギ亜科／カラスムギ連

ヤマアワ
Calamagrostis epigeios

花期：6月。**分布**：北〜九。**生活型**：多年草。**識別点**：護穎の芒は短く、小穂の外に出ない。基毛が護穎よりも長い。包穎がとがって長い。

草地に生える。

全形 高さ70〜150 cm。

葉鞘口部
葉耳
葉耳に毛が生えない。

×1

円錐花序は、開花期はこのように枝が開いているが、若いときや花後は閉じて細くなる。

小穂 小花 包穎 葯
包穎は徐々に細くなり、尾状にとがる。

小花 護穎 芒 基毛 包穎
基毛は護穎よりも長い。芒は護穎の先端近くから出る。

コウボウ

Anthoxanthum nites var. *sachalinensis*

花期：4〜5月。**分布**：北〜九。**生活型**：多年草。**識別点**：光沢のある褐色の3小花が透明な包穎に包まれる。乾くとクマリンの甘いにおいがする。

イチゴツナギ亜科／カラスムギ連

草地や路傍に生える。茎葉の葉身は短いが、根生葉は長い。

花序の枝の先に数個ずつの小穂を下向きにつける。

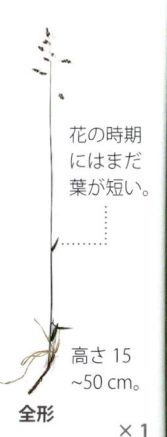

花の時期にはまだ葉が短い。

全形 高さ15〜50cm。 ×1

小穂 包穎

小穂は長さ4〜6mm。包穎は透明で小花が透ける。

小花 包穎

芒のない3個の小花からなる。

3小花 第三小花 第一小花 第二小花

第一、第二小花は雄性で3個の雄しべがある。第三小花だけが雌しべをもち、2個の雄しべがある。

イチゴツナギ亜科／カラスムギ連

ハルガヤ
Anthoxanthum odoratum

花期：4~7月。**分布**：ユーラシア原産。**生活型**：多年草。**識別点**：細くとがった小穂が密に集まった円錐花序をしている。小花は3個だが、第一、第二小花は護穎のみに退化し、第三小花のみ稔る。乾くとクマリンの甘いにおいがする。

草地や道端に生える牧草由来の帰化植物。

雌しべの柱頭は長くて、小穂の外にのび出す。

密な円錐花序は長さ4～10cm。

高さ20～70cm。

全形　　×1

小穂

葯　　芒　　雌しべ　　第二包穎　　第一包穎

小穂は左右にやや扁平で3小花を含む。第二小花の芒は小穂の外に少しはみ出る。第一包穎は小穂の半分ぐらいの長さで透明。この写真では第三小花の2個の雄しべの葯と雌しべの柱頭が外に出ている。

包穎と小花

第三小花　　芒　　第二小花　　第一小花　　第二包穎　　第一包穎

2個の包穎の中に、護穎のみに退化した第一、第二小花があり、その中に稔る第三小花が入っている。第一小花と第二小花の護穎には毛が生え、芒がある。

ウサギノオ
Lagurus ovatus

花期：4〜5。**分布**：地中海原産。**生活型**：一年草。**生育環境**：路傍などに帰化。**別名**：ラグラス。**識別点**：密に集まった円錐花序をつけ、包穎は護穎より長く、柔らかい長毛を密生する。

園芸用に栽培され、ドライフラワーにも使われ、帰化する。

小穂が密に集まった円錐花序。黄色く見えているのは葯。

小花は1個。包穎は細長く、長柔毛が密生する。

護穎は無毛。長い芒がある。

葉鞘や葉舌には密に微毛が生える。

高さ10〜40 cm。

全形 ×1

イチゴツナギ亜科／カラスムギ連

イチゴツナギ亜科／カラスムギ連

カラスムギ
Avena fatua

花期：4~6月。**分布**：ヨーロッパ、西アジア、北アフリカ原産。**生活型**：一年草。**識別点**：下を向く大きな小穂や小花を包む大きな包穎が特徴。エンバク（マカラスムギ、オートムギ）*A. sativa* は小花に芒がないか、あっても第一小花だけで、ねじれない。

2 cm ほどの大きな小穂を下向きにつける。

小穂は2~3小花からなり、下方の2小花には長い芒がある。包穎は小花より長く、紙質で縁は透明。

小花は熟すと脱落するが、包穎は残る。

護穎は包穎より硬く、背から芒が出る。芒は途中までねじれる。護穎の毛の量には変異が多く、毛のないものをコカラスムギ var. *glabrata* という。

空き地や路傍に帰化する。

全形　高さ40~100 cm。　×1

カニツリグサ

Trisetum bifidum

花期：5~6月。**分布**：北~九。**生活型**：多年草。**識別点**：たくさんの小穂が密生し、先が垂れる金色の円錐花序や、2~3小花からなる小穂、護穎の先が細くとがり、その間から出る芒などが特徴。

小穂は2~3小花からなる。第一包穎より、第二包穎が2倍ぐらい大きい。

小穂 / 小花 / 小花 / 第一包穎 / 第二包穎

イチゴツナギ亜科／カラスムギ連

円錐花序は垂れる

小穂は密生し、しばしば紫色を帯びる。

2つの小花 / 小軸

▲小花をつなぐ軸(小軸)に毛がある。
▶護穎は先端が2裂し、その間から芒が出る。乾燥すると芒は反り返る。

小花 / 芒 / 先端が2裂 / 内穎 / 護穎 / 小軸の毛

全形　×1　高さ40~80cm。

空き地や路傍に生える。円錐花序は垂れ、金色に見える。

イチゴツナギ亜科／スズメノチャヒキ連

スズメノチャヒキ
Bromus japonicus

花期:5~7月。**分布**:北~九。**生活型**:一年草。**識別点**:葉身や葉鞘に軟毛が密生し、花序の枝は長く散開。小穂は円筒形で無毛、第一包穎には3脈がある。

路傍、土手、河原などに生える。高さ30~80 cm。

円錐花序は各節に1~数個の枝を輪生し、まばらに小穂をつけ、小穂は熟すと下垂する。

葉鞘口部

葉鞘や葉身は軟毛が密生する。

×1

小穂

1cm ― 芒
― 小花
― 包穎

小穂は6~10小花からなり、長さ17~23 mm、2個の包穎は無芒、下方の小花の芒は短く、上方の小花の芒は長さ1cmに達する。

小花

左は護穎で長さ9~11 mm、背面は丸い。右は内穎で竜骨上に開出した長毛が並ぶ。

護穎 内穎

キツネガヤ

Bromus remotiflorus

花期：6〜8月。**分布**：北〜九。**生活型**：多年草。**識別点**：葉身や葉鞘に短毛が密生し、円錐花序は先が垂れ下がる。小穂は細長く、無毛、第一包穎は1脈、護穎には長い芒がある。

円錐花序は各節に2個の枝を出し、小穂を下垂する。

丘陵〜山地の林縁や樹林内などの半陰地に生える。熟すと花序全体がうなだれる。高さ 40〜80 cm。

葉鞘口部 / 節

葉身、葉鞘、茎には短毛が密生する。

× 1

葉には短毛が密生する。

イチゴツナギ亜科／スズメノチャヒキ連

小穂

小穂は長さ 2〜3 cm、幅が狭く、5〜10小花からなり、無毛。

包穎 — 第二包穎／第一包穎

第一包穎は長さ5〜7mmで1脈、第二包穎は長さ8〜10mmで3脈。

開いた小花 — 内穎／護穎

護穎は長さ 10〜13 mm、背面が丸く、先は長い芒になる。内穎は護穎の2/3長。

イチゴツナギ亜科／スズメノチャヒキ連

イヌムギ
Bromus catharticus

花期：4~8 月。**分布**：南アメリカ原産で日本全国に帰化。**生活型**：多年草。**識別点**：小穂は左右に扁平、護穎は竜骨が明らかで、芒は短く、内穎は護穎の1/2 長。閉鎖花をつけることが多く、その葯は長さ 0.5 mm と小さいが、まれに開花する株があり、その小花は長さ 3~5 mm の葯を出す。

円錐花序は各節に 2~3 個の枝を出し、1~4 小穂をつける。

小穂

小穂は著しく扁平で、長さ 2~3 cm、6~12 小花からなり、無毛。護穎は長さ 14~17 mm、先は長さ 1~2 mm の芒になる。

開花株の小花を開いたところ。左側の内穎は護穎の 1/2 長で竜骨は弓状にカーブし、短毛が並ぶ。

小花／芒／内穎／護穎／葯

牧草や緑化に利用され、路傍や土手などに帰化。

高さ 40~100 cm。

全形　　×1

葉鞘口部

下方の葉鞘は有毛のことが多い。

ヒゲナガスズメノチャヒキ
Bromus diandrus

花期：4~7月。**分布**：ヨーロッパ原産で各地に帰化。**生活型**：一年草。**別名**：オオスズメノチャヒキ。**識別点**：葉身や葉鞘は有毛。円錐花序は垂れ下がり、護穎は有毛で、長さ3~5 cmの長い芒がある。第一包穎は1脈。

イチゴツナギ亜科／スズメノチャヒキ連

円錐花序は各節に1~3個の枝を出し、1（まれに2）個の小穂をつける。

小穂は長さ3~4 cm、6~9小花からなる。

×1

市街地の路傍、港湾、宅地造成地などに生える。花序全体が垂れ下がる。

高さ40~80 cm。 **全形**

1cm

小穂を分解したところ。左から第一包穎、第二包穎、小花側面、小花内面（やや短い内穎が見える）。

69

イチゴツナギ亜科／コムギ連

ヤマカモジグサ

Brachypodium sylvaticum var. *miserum*

花期：6~9月。**分布**：北~九。**生活型**：多年草。**識別点**：カモジグサ（エゾムギ属）に似るが、小穂には短いながら明らかな柄があり、護穎には7脈がある。

丘陵から山地のやや乾いた樹林内に群生する。高さ30~60 cm。

総状花序は先が垂れ、小穂の柄はきわめて短い。

小穂は5~14小花からなり、第一包穎は長さ5~7mm、3~4脈、第二包穎は長さ8~11mm、7~8脈。

節には密に毛が生え、葉や鞘は有毛または無毛。

× 1

小花を開いたところ。護穎の先は芒になり、右の内穎は少し短い。

長さ9~13mm、護穎の背面は丸く、7脈があり、無毛または有毛。

竜骨上に短毛が並ぶ。

70

カモジグサ

Elymus tsukushiensis var. *transiens*

花期：5~7月。分布：北~琉。生活型：多年草。識別点：アオカモジグサとは内穎が護穎と同長であることで、ミズタカモジグサとは穂状花序が垂れ下がり、小穂が斜上して軸から離れることで区別する。

路傍、土手、草地などに生える。

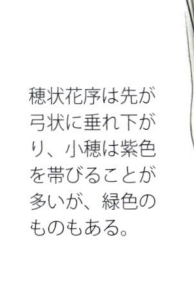

穂状花序は先が弓状に垂れ下がり、小穂は紫色を帯びることが多いが、緑色のものもある。

全形
高さ40~100 cm。　　×1

小穂は長さ15~25 mm、4~10小花からなり、護穎の先は長い芒になる。

2個の包穎は同形で長さ4.5~7mm。

護穎は長さ9~12 mm、5脈、無毛。左は内穎側で、内穎は護穎とほとんど同長なので段差が見えない。

イチゴツナギ亜科／コムギ連

イチゴツナギ亜科／コムギ連

ミズタカモジグサ
Elymus humidus

花期：5~7月。**分布**：本~九。**生活型**：多年草。**識別点**：カモジグサに似るが、穂状花序は直立し、基部が葉鞘内に残ることが多く、小穂は直立して軸から離れない。

田植え前の水田に生え、畦との境などに多い。

穂状花序は直立し、無柄の小穂が軸に接してつく。

葉身は長さ5~15 cm、幅3~9 mm。葉身と葉鞘はともに無毛。

花序の基部は葉鞘内に残ることが多い。

全形
高さ30~60 cm。

× 1

護穎は長さ9~12 mm、背面（左）は丸く、無毛で平滑、内穎は護穎と同長（右）。

小穂 … 芒 … 護穎 … 包穎
1cm

小穂は長さ17~22mm、5~7小花からなり、護穎の先には長い芒がある。

小穂の基部 … 芒 … 包穎

包穎の先は鋭くとがり、短い芒になる。

小花 護穎側／内穎側 内穎

アオカモジグサ
Elymus racemifer

花期：5~8月。分布：北~琉。生活型：多年草。識別点：内穎は護穎よりも明らかに短く、護穎の内面を見ると段差が見える。

路傍、土手、草地などに生える。

穂状花序は先が弓状に垂れ、小穂は緑色。

全形
高さ 40~100 cm。

×1

芒

小花

包穎

小穂は長さ 10~20 mm、4~10 小花からなり、護穎の先は長い芒。

イチゴツナギ亜科／コムギ連

小花／護穎／内穎／包穎

護穎は長さ 7~10 mm、内穎は護穎の 2/3~4/5 長。

小穂の基部／包穎

包穎は 2 個ともほぼ同形同大で、長さ 5~8 mm。

小花／芒／内穎／内穎側／護穎側

護穎の背面（右）は丸く、有毛、先は凹み、間から芒が出る。内穎側は内穎との間に段差が見える（左）。

イチゴツナギ亜科／コムギ連

シバムギ
Elytrigia repens

花期：6~7月。**分布**：ヨーロッパ原産で北海道~本州に帰化。**生活型**：多年草。**識別点**：カモジグサ類とは長い地下茎があること、護穎にほとんど芒がないか、あっても1cm未満と短いことで区別できる。ハマニンニクとは1節に小穂が1個しかつかないことで区別する。

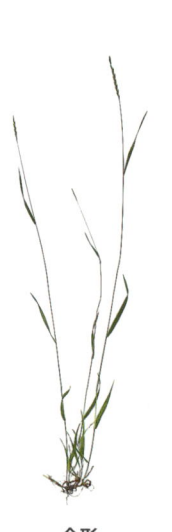

穂状花序は各節に1個の小穂をつける。

葉身は長さ 5~15cm、幅 3~8mm

× 1

全形

路傍や土手などに生える。高さ 40~100 cm。

花序の一部 / 小穂

小穂は長さ 9~16mm、3~7小花からなり、護穎の先は鋭頭または短い芒になる。

小花 / 小穂 / 包穎

包穎は2個とも同形で、長さ 6~11 mm。

小花 / 護穎 / 内穎

護穎は長さ 7~11 mm、背面は丸く、5脈で無毛。内穎は少し短い。

アズマガヤ

Hystrix duthiei
subsp. *longearistata*

花期：5~6月。**分布**：北~九。**生活型**：多年草。**識別点**：小穂は1節に2個ずつつき、包穎は針状に退化している。

山地の樹林内のやや湿った所に生える。高さ60~100 cm。

節とその周辺に短軟毛が生える。

穂状花序は各節に無柄小穂を2個ずつつけ、それが左右2列に互生する。

葉身は幅10~20 mm。基部でねじれて表裏が逆転する。

×1

小穂は1または2小花からなる。写真では左の小穂が1小花で、基部に針状の包穎が2個見える。右の小穂は2小花からなる。護穎は長さ9~13mm、有毛。

内穎は護穎と同長、2竜骨があり、竜骨上は平滑。

イチゴツナギ亜科／コムギ連

イチゴツナギ亜科／コムギ連

ハマニンニク
Leymus mollis

花期：6~7月。**分布**：北~九。**生活型**：多年草。**別名**：テンキグサ。
識別点：穂状花序は直立し、各節に1~3個ずつ密に小穂をつけ、隙間は見えない。

穂状花序は直立し、密に小穂をつけて隙間は見えない。

海岸の砂浜に生える。

全形
高さ 60~100 cm。

×1

小穂は無柄、長さ 15~25mm、3~5 小花からなる。2個の包穎は同形で、小穂と同長、背面に軟毛が生える。護穎は長さ 10~20 mm。

葉身の上面は脈が目立ち光沢がない。葉舌は高さ1 mmで無毛。

節は無毛。

オオムギ

Hordeum vulgare
var. *hexastichon*

花期:4~5月。**分布**:中央アジア原産で世界で広く栽培される。**生活型**:一年草。**識別点**:小穂は3個ずつが組になり、3小穂ともに結実するため、小穂は軸に6列に並ぶ。護穎には長いもので10cmに達する芒がある。ヤバネオオムギ var. *distichon* は3個ずつ並んだ小穂のうち、中央の1個のみが結実するため、結実小穂が2列に並ぶ。

イチゴツナギ亜科／コムギ連

小穂

…芒

…小花

包穎…

小穂は1小花からなり、芒を除いて長さ約1cm、護穎の先は長い芒になる。

花序は円柱状で芒を除いて長さ4~10cm。護穎の長い芒が目立つ。

葉身は幅1~1.5cm。

分解した小穂
小花
包穎 …包穎
2個の包穎は針状で小花より短い。

葉鞘口部
葉鞘口部には葉耳があり、先はとがる。

葉縁
葉の縁はあまりざらつかない。

高さ40~80cm。
×1

節
節は無毛。

イチゴツナギ亜科／コムギ連

ムギクサ
Hordeum murinum

花期：4~7月。分布：ヨーロッパ~西アジア原産で各地に帰化。生活型：一年草。識別点：オオムギに似ているが、組になる3個の小穂のうち中央の1個のみが結実する。

市街地やその周辺の路傍に生える。

小穂
芒　両性の小穂
包穎　雄性の小穂

中央の小穂は両性で無柄、左右の2個は短い柄があって雄性、いずれも護穎の先に長い芒がある。包穎は長芒状で、中央小穂のものは縁に長毛が列生する。

円錐花序は5~9cm。扁平で、密に小穂をつけて隙間は見えない。

全形
高さ20~40 cm。

×1

コムギ
Triticum aestivum

花期：5~6月。分布：西アジア原産。生活型：一年草。識別点：小穂は4~5個の小花からなり、花序の節に単生する。

世界3大穀物の1つとして盛んに栽培される。

長いものから、短いものまで芒の長さには変化がある。

穂状花序に無柄の小穂を密集する。

高さ40~80 cm。
全形　×1

花序の一部
無柄の小穂が隙間なく密集する。

小穂
第一小花／第一包穎／第二包穎

小穂は長さ8~14 mm、4~5小花からなり包穎は有芒。

小花
内穎　芒　護穎

護穎は長さ7~10 mm、先は長い芒になることが多い。内穎は護穎と同長、2竜骨が目立つ。

分解した小穂
内穎　護穎

イチゴツナギ亜科／コムギ連

ササクサ
Lophatherum gracile

ササクサ亜科／ササクサ連

花期：8~10月。**分布**：本(関東以西)~琉。**生活型**：多年草。**識別点**：葉身は披針形で葉鞘との間に柄があり、ササの葉に似る。

円錐花序は数個の枝を出し、枝の基部から先まで、枝の片側に偏って無柄の小穂をまばらにつける。

小穂
第二包穎
第一包穎

小穂は円筒形で、長さ7~11mm。包穎は円頭で、第一包穎は長さ約3mm、第二包穎は長さ約5mm。

樹林内に生える。高さ40~80 cm。

全形

葉脈は横の小脈で結ばれる。

退化した小花
芒
大きな小花

包穎を除いた小穂

5~9小花があり、護穎の先には紫褐色の芒がある。最下の小花のみが大きく、両性で結実する。上方の小花は護穎のみに退化。

柄

葉身の基部には柄がある。

根には紡錘状の塊ができる。

×1

ダンチク

Arundo donax

花期：7~10月。**分布**：本（関東以西）~琉。**生活型**：大型の多年草。**識別点**：高さ2~4m、太さ2~4cmになる。葉身の基部は葉耳になり茎を抱き、葉舌周辺に微細な毛はあっても、ヨシのような長い毛はない。

海岸や川岸に生え、高さ2~4m。しばしば大群落となる。

円錐花序は長さ30~70cmあり、多数の小穂をつける。

葉鞘口部

葉身の基部は葉耳になって茎を抱くが、写真の個体でははっきりしない。葉舌は低く、縁に微細な毛がある。

ダンチク亜科/ダンチク連

閉じた小穂 小花 / 包穎

小穂は長さ8~13mm、3個の両性小花からなる。

やや開いた小穂 包穎

2個の包穎は同形、小穂とほぼ同長、紫色を帯びて光沢がある。

大きく開いた小穂 小花 / 包穎

包穎を開くと3小花がよく見える。小花の護穎は背面下半部に白長毛があり、先は短い芒になる。

×1

ダンチク亜科／ダンチク連

ウラハグサ

Hakonechloa macra

花期：8〜10月。**分布**：本州（神奈川県〜和歌山県）の太平洋側。**生活型**：多年草。**識別点**：岩から垂れ下がり、葉身は基部でねじれて表裏が逆転するのが特徴だが、この性質はヒメノガリヤスなど他種にもある。

山地の湿った岩場に生える。高さ40〜80cm。

円錐花序は、各節に1〜2個の枝を出し、小穂をまばらにつける。

葉鞘口部

葉舌は短い毛の列になり、周辺には長毛が生える。

×1

小穂は長さ1〜2cm、4〜10小花からなる。2個の包穎はやや不同で護穎よりも短い。護穎は長さ6〜7mm、縁と太くなった柄に長毛が生え、先端は芒になる。

小穂
第二小花
芒
第一小花
内穎
護穎
第二包穎
第一包穎

ヌマガヤ
Moliniopsis japonica

花期：8~10月。**分布**：北~九。**生活型**：多年草。**識別点**：湿地に群生し、小穂は3~6小花からなり、小花の基盤に毛がある。

山地の湿原に群生する。高さ60~100 cm。

葉鞘口部
葉鞘の口部付近に毛がある。

根茎
根茎は短く、太くて硬い。

×1

円錐花序は直立し、長さ10~40 cmになり、まばらに小穂をつける。

小穂
第一包穎　第二包穎

小穂は長さ8~12 mm、第一包穎は長さ3~5mm、第二包穎は長さ4~5mm。

分解した小穂
内穎
護穎
小花
包穎

小花の基部には長さ約2mmの毛が密生し、護穎は長さ4~5.5mm、背面は丸く、内穎は少し短い。

ダンチク亜科／ダンチク連

ダンチク亜科／ダンチク連

ヨシ
Phragmites australis

花期：8~10月。分布：北～琉。生活型：大型の多年草。識別点：大型の多年草で太くて長い根茎があって群生。茎は冬に枯れ、節から分枝することがないこと、葉の先が垂れることでセイタカヨシ（セイコノヨシ）*P. karka* とは区別できる。

川岸や湿地に生える。高さ1.5~3m。

小穂は長さ12~17mm、2~4小花からなる。包穎はその上の護穎の1/2長以下。第一小花は雄性で基部は無毛。上部の小花は両性で基部に長毛が生える。

小穂／芒／第一小花の護穎／第一包穎／第二小花／第二包穎

分岐点には白毛が生える。

円錐花序は長さ15~40cm、多数の小穂をまばらにつけ、先は傾く。

×1

ツルヨシ

Phragmites japonica

花期：8~10月。**分布**：本~琉。**生活型**：多年草。**識別点**：ヨシとは、地表に匍匐枝を伸ばし、その節に毛があること、包頴はそのすぐ上の護頴の2/3の長さがあることで区別する。

川岸や湖岸の砂地や礫地に生え、地表に匍匐枝を伸ばす。高さ80~200 cm。

花序の枝基部

花序の枝の分岐点には白色長毛が生える。

葉鞘口部

葉身の基部は葉耳にならず、葉鞘の上部は赤紫色になることが多い。

葉鞘

円錐花序は長さ20~30 cm、多数の小穂をまばらにつける。

雄性小花　小穂　両性小花

包頴

小穂は長さ8~12 mm、3~4小花からなり、第一小花は雄性で基部無毛。上部の小花は両性で基部に長毛が生える。

×1

ダンチク亜科／ダンチク連

オヒゲシバ亜科／スズメガヤ連

アゼガヤ

Leptochloa chinensis

花期：8~10月。分布：本～琉。生活型：一年草。識別点：花序は総状に多数の総をつけ、総は軸の片側に2列に隙間なく小さい小穂をつける。

路傍、水田畦、川岸などに生える。写真は湖岸の敷石の間に生じたもの。

全形 高さ30~60cm。

株の基部は横にはい、節から根を出し、上部は立ち上がる。

×1

花序は長さ15~40cm、総状に多数の総をつける。

小穂／小花／包穎

小穂は長さ2.5~3mm、4~7小花からなり、護穎は長さ1.2~2mm。

総（下面）

総（上面）

総の軸の片側に2列に圧着して小穂をつける。

86

チョウセンガリヤス
Cleistogenes hackelii

花期：7~10月。**分布**：本~九。**生活型**：多年草。**識別点**：全体に細く、葉鞘などにまばらな開出毛があり、花序は小型で2~4個の枝を出し、基部が鞘に包まれる。

花序は小さく、2~4個の枝を出し、数個の小穂をまばらにつける。ときに鞘中に閉鎖花だけをつけることがある。

海岸から低山地の乾いた樹林内や林縁に生える。

全形
高さ30~80cm。

×1

オヒゲシバ亜科／スズメガヤ連

小穂／芒／第一小花／第二小花／第一包穎／第二包穎

小穂は長さ5~7mm、2~4小花からなる。包穎は膜質、第一包穎は長さ約1mm、第二包穎は長さ1.5~2.5mm。

護穎／芒

護穎は長さ4~5mm、3脈があり、縁に毛があり、先は長芒となる。

オヒゲシバ亜科／スズメガヤ連

カゼクサ
Eragrostis ferruginea
花期：8~11月。**分布**：本〜九。**生活型**：多年草。
識別点：茎は繊維が強くて引きちぎりにくく、葉鞘口部に毛がある。小穂は5~10小花からなる。熟すと穎を残して果実が落ちるのはカゼクサ属 *Eragrositis* の特徴。

円錐花序は直立し、まばらに小穂をつけ、長さ20~40cm。

小穂
小花
包穎
黄色の腺

小穂は扁平、長さ5~10mm、5~10小花からなり、柄に黄色の腺がある。護穎は3脈で長さ2.5~3mm。

路傍や土手などの乾いた草地に生え、踏みつけにも強い。高さ30~60cm。

葉鞘口部

葉鞘口部は有毛。

茎の断面

葉鞘部は断面が扁平。

×1

シナダレスズメガヤ
Eragrostis curvula

花期：6~10月。**分布**：南アフリカ原産で日本全国に帰化。**生活型**：多年草。**別名**：ウィーピングラブグラス。**識別点**：細くて長い根生葉を多数つけ、長い花茎の先に円錐花序を傾いてつける。小穂は紫色を帯び小型。

緑化に使われ、路傍や河原などに帰化。

小穂は長さ6~12mm、7~11小花からなり、護穎は3脈で長さ約2.5mm。小穂の柄に腺はない。

円錐花序は長さ20~40cmになり、まばらに小型の小穂を多数つける。

枝の分岐点に白毛がある。

全形
高さ40~80cm。

×1

オヒゲシバ亜科／スズメガヤ連

小穂 / 小花 / 包穎

オヒゲシバ亜科／スズメガヤ連

コスズメガヤ
Eragrostis minor

花期：7〜10月。**分布**：ユーラシア原産で各地に帰化。**生活型**：一年草。**識別点**：節、花序の枝、小穂の柄などを取り巻くように腺があるほか、葉身の縁、包穎や護穎の竜骨上などに円盤状の腺がある。スズメガヤ *E. cilianensis* に比べて小穂が小さく、花序もまばら。

円錐花序は直立し、長さ7〜20cm、まばらに小穂をつける。

畑、路傍、空地、河原などの裸地に生える。

全形
高さ15〜40 cm。

×1

小穂／小花／包穎／腺

小穂は左右に扁平、長さ3〜8mm、4〜15小花。包穎や護穎の竜骨上に小円盤状の腺、柄を取り巻くように黄色の腺が見える。

小花／内穎の竜骨／護穎側脈

護穎は長さ1.2〜2mm、3脈がある。写真では緑色の護穎側脈が目立ち、左方に内穎の2竜骨が見える。

茎の断面

ニワホコリ

Eragrostis multicaulis

花期：6~10月。**分布**：北~琉。**生活型**：一年草。**識別点**：全体に繊細で高さ5~30cm、小穂は長さ2~5mmと小さく、紅紫色を帯びることが多い。

畑、路傍、空地などの裸地に生える。高さ5~30cm。

円錐花序は直立し、長さ4~12cm。

葉鞘口部（左）や花序の分岐点（右）は無毛。

×1

閉じた小穂

小穂は長さ2~5mm、4~8小花からなり、どこにも腺はない。

開いた小穂

護穎は長さ約1.5mm、3脈があり、内穎は護穎の2/3長。

小花

緑色の護穎側脈が目立つ。左方に見える緑色の脈は、弓なりにカーブする内穎の竜骨。

オヒゲシバ亜科／スズメガヤ連

オヒゲシバ亜科／スズメガヤ連

オヒシバ
Eleusine indica

花期：7~11月。**分布**：本~琉。**生活型**：多年草。**識別点**：強くて引きちぎりにくい茎、2つ折りの葉、掌状の花序などで区別は容易。

路傍、空地、河原など、乾いた日当たりの良い場所に生える。高さ15~40cm。

花序は小穂が密集した総を掌状に2~7個つける。

×1

総（下面）

総の軸の片側に2列に小穂をつける。

小穂

小穂は左右に扁平、長さ4~6mm、4~6小花からなる。

護穎は長さ3~3.5 mm。内穎は少し短く、緑色の竜骨上に白膜質の狭翼がある（写真左端）。

小花
内穎の狭翼
護穎

花軸に残る包穎

果実は落ちやすく、花軸には包穎が残る。

タツノツメガヤ

Dactyloctenium aegyptium

花期：7~10月。**分布**：旧世界の熱帯原産で暖地に帰化。琉球や小笠原では普通に見られる。**生活型**：一年草。**識別点**：花序の総の軸の先端が刺状に突き出て、竜の爪を連想させる。

オヒゲシバ亜科／スズメガヤ連

花序は小穂が密集した総を掌状に3~6個つける。

総の中軸の先は長さ2mmほどの爪状に突き出る。

小穂は総の軸の下面に2列に並ぶ。

路傍や空地などの裸地に生える。

高さ10~40cm。

葉身は軟毛を散生、葉鞘口部は有毛。

×1

小穂は長さ3~5mm、3~5小花からなり、第二包頴の先は顕著な芒になる。

93

オヒゲシバ亜科／スズメガヤ連

ネズミノオ
Sporobolus fertilis

花期：9~11月。**分布**：本~琉。**生活型**：多年草。**識別点**：茎は強くて引きちぎりにくく、円錐花序は灰色で細長い穂状に見える。

土手や草地などの日当たりの良い場所に生える。

円錐花序は直立し、枝が短く、中軸に圧着する。

高さ30~60 cm。

全形　　　　　　×1

花序の枝

花序の枝に小さな小穂が多数つく。右は開花直前のもので、中に葯が見える。左は果実がふくらんできたもの。

小穂
果実　護穎
内穎
第二包穎　第一包穎

小穂は長さ約2 mm、1小花からなる。第一包穎は小さく、第二包穎が小穂の1/2長、内穎は護穎より少し短く、いずれも膜質。中に楕円形の果実がふくれてきている。

ヒゲシバ

Sporobolus japonicus

花期：8~10月。**分布**：本～九。**生活型**：一年草。
識別点：高さ5~20cmと小さく、全草に微細な腺点があり、葉の縁には基部が腺状にふくらんだ長毛が生える。

湿地や湖岸などの湿った裸地に生える。

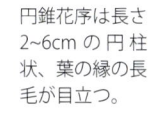

円錐花序は長さ2~6cmの円柱状、葉の縁の長毛が目立つ。

×1

高さ5~20 cm。

花序の一部

花序は直立する短い枝に小穂を隙間なくつける。

小穂 / 果実 / 護穎 / 第二包穎 / 第一包穎

小穂は長さ2~2.5mm、1小花からなり、第一包穎は小穂の1/2長、第二包穎と護穎は小穂と同長。中にふくれた果実が見える。

葉縁の毛

葉の縁には基部が腺状にふくれた毛が生える。

オヒゲシバ亜科／スズメガヤ連

オヒゲシバ亜科／スズメガヤ連

ネズミガヤ
Muhlenbergia japonica

花期：8~9月。**分布**：北~九。**生活型**：多年草。**識別点**：全体に繊細で柔らかく、基部は倒伏して節から発根し、分枝して先が立ち上がり、小穂は緑白色で1小花からなり、長い芒が目立つ。コネズミガヤ *M. schreberi* は北アメリカ原産で、東京近郊に帰化し、包頴がきわめて小さくほとんど見えないことで区別できる。

丘陵から低山地の草地や明るい樹林内に生える。

コネズミガヤ

包頴は退化して鱗片状。

円錐花序に細かい小穂を多数つける。

円錐花序は開花していないときは枝が直立し、花序は細くなる。

花序の一部 … 芒

1cm

小穂には長い芒がある。

小穂 … 芒 小花
内頴 護頴
包頴

小穂は長さ2~3 mm、1小花からなり、護頴の先は長い芒になる。2個の包頴は同形同大で、小穂の約1/2長。護頴は3脈があり、基部に毛が生え、先には長い芒がある。内頴は護頴と同長。

高さ10~30 cm。
× 1

ギョウギシバ
Cynodon dactylon

花期:5~9月。分布:北~琉。生活型:多年草。別名:バミューダグラス。識別点:地表に匍匐枝を伸ばして広がり、短く硬い葉を2列につけ、花序は掌状。花序はメヒシバ属 *Digitaria* に似るが、小穂基部に2個の顕著な包穎が目立つことで区別できる。

花序は細長い総を3~7個、掌状に開出してつける。

路傍、河原、海岸などの日当たりの良いところに生える。高さ10~30 cm。

総の軸の下面に2列に小穂をつける。

×1

小穂は長さ2~3 mm、1小花からなる。2個の包穎は同形で小穂の1/2長、ともに1脈がある。

左が護穎の背面で竜骨上に軟毛が生える。

オヒゲシバ亜科／ギョウギシバ連

オヒゲシバ亜科／ギョウギシバ連

シバ
Zoysia japonica

花期：4～7月。**分布**：北～琉。**生活型**：多年草。
識別点：地表を匍匐して広がり芝生をつくる。葉身は幅 2～5 mm、葉鞘口部に長毛がある。

海岸や山地の日当たりの良い場所に自生するが、芝生として植えられたものも多い。

総状花序は長さ 2～5 cm、枝は短く穂状に見える。

花茎は長く伸び、鞘中にとどまることはない。

花序の一部

見えているのは第二包穎で、硬く、光沢がある。

葉身は平らで柔らかい。

高さ 3～15 cm。

小穂
小花
護穎
第二包穎

小穂はゆがんだ卵形で長さ約 3 mm、1 小花からなり、第二包穎と護穎のみをもつ。

葉鞘口部

葉舌はなく、葉鞘口部に長毛がある。

オニシバ
Zoysia macrostachya

花期：6~8月。**分布**：北~琉。**生活型**：多年草。**識別点**：地表に匍匐枝はなく、地中を横走する地下茎から砂上に茎を伸ばす。葉は硬くとがり、握ると痛い。花序の基部は葉鞘に包まれる。

花茎の基部は、鞘中にとどまる。

総状花序は長さ3~4cm。花序には隙間なく小穂をつける。

地下茎

×1

海岸の砂浜に生える。高さ5~20cm。

葉鞘口部

葉は2列につき、葉鞘口部に長毛がある。

小穂／柱頭／第二包穎

小穂は長さ6~8mm。1小花からなり、第二包穎と護穎のみをもつ。

オヒゲシバ亜科／ギョウギシバ連

キビ亜科／キビ連

チヂミザサ
Oplismenus undulatifolius
花期：8~12月。分布：北~琉。生活型：多年草。識別点：直立する中軸に小穂が節々にまとまってつく。花序を触るとベタベタするのでこの仲間とすぐにわかる。1小穂は2小花。これはキビ亜科共通の重要な特徴。

花序の中軸アップ

中軸に密に毛のあるものをケチヂミザサ var. *undulatifolius*、ほとんど毛のないものをコチヂミザサ var. *japonicus* という。

全形 高さ10~45 cm。
平地から低山の林縁陰地に生える。

総状花序。ときに下方の枝が伸びることがある。

葉面にはごく短い毛が一面に生え、所々に長くて柔らかい毛がまばらに生える。

葉に生える毛は基部がふくらむ。

葉面を触ると柔らかい毛があるのが感じられ、縁はゆるやかに波打つ。

小穂
…第一包穎の芒
第二包穎の芒

包穎にも長い芒があり、粘液を出す。これで動物にくっつく。第一包穎は長さ1.5 mmほど。

×1

ヌカキビ

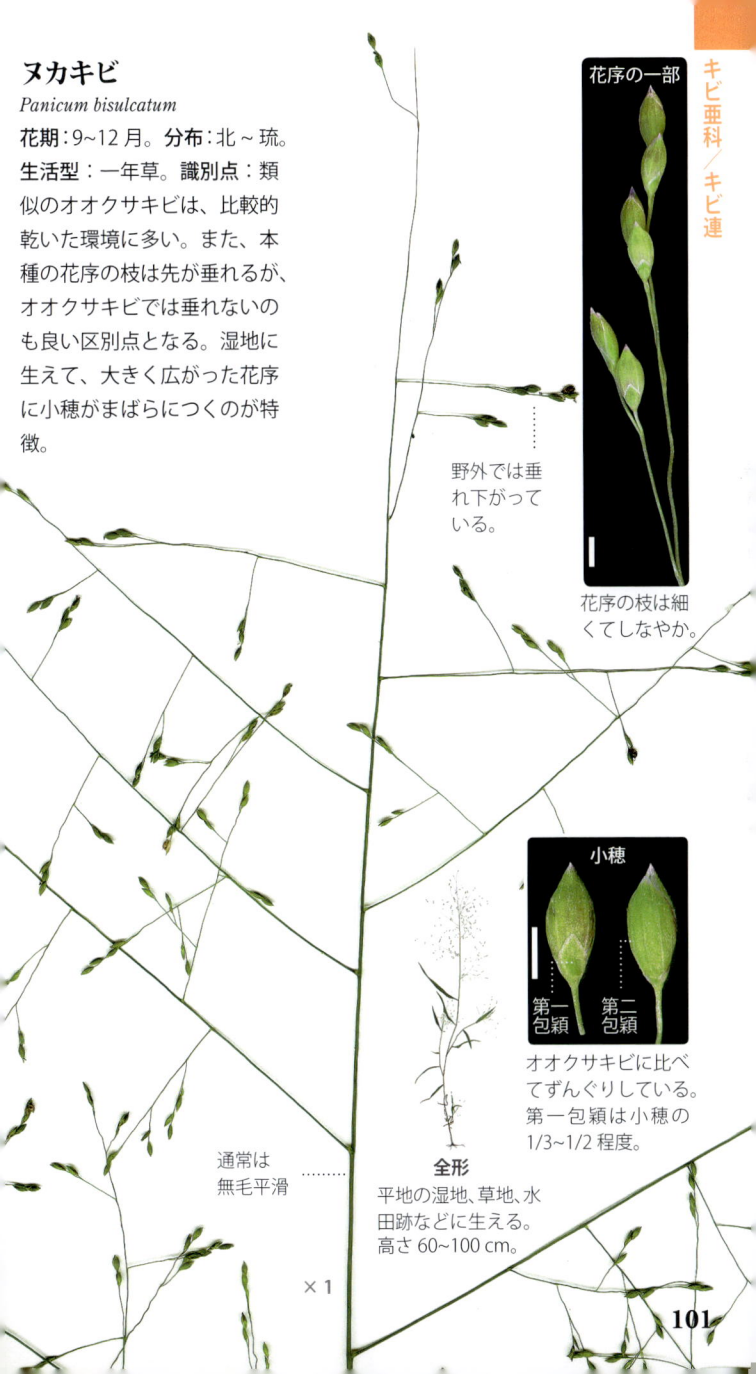

Panicum bisulcatum

花期：9~12月。**分布**：北~琉。
生活型：一年草。**識別点**：類似のオオクサキビは、比較的乾いた環境に多い。また、本種の花序の枝は先が垂れるが、オオクサキビでは垂れないのも良い区別点となる。湿地に生えて、大きく広がった花序に小穂がまばらにつくのが特徴。

キビ亜科／キビ連

花序の一部

野外では垂れ下がっている。

花序の枝は細くてしなやか。

小穂

第一包穎　第二包穎

オオクサキビに比べてずんぐりしている。第一包穎は小穂の1/3~1/2程度。

通常は無毛平滑

全形
平地の湿地、草地、水田跡などに生える。高さ60~100 cm。

×1

キビ亜科／キビ連

オオクサキビ
Panicum dichotomiflorum

花期：8~11月。**分布**：北アメリカ原産。**生活型**：一年草。**識別点**：ヌカキビは全体にしなやかで軟弱に見えるが、それに比べると、本種の花序の枝は硬く立っているので、慣れれば簡単に見分けられる。

開けた路傍や荒れ地に帰化。ヌカキビに比べ、乾いた場所に生える。

小穂は枝に圧着する。

開花した小穂

オレンジ色のものは、雄しべの葯。その横の暗紫色の毛の束のようなものは雌しべの柱頭。

小穂
第一小花の護穎
第二包穎
第一包穎

ヌカキビに比べて細く、先がとがった印象。第一包穎は小穂の1/5~1/4と小さい。

第二小花
護穎
内穎

キビ属では第二小花の護穎と内穎は硬く、光沢のあるものが多い。

全形 高さ40~100cm。 ×1

花序のつけ根は、通常最上位の葉鞘の中から抜け出ない。

ハイヌメリ

Sacciolepis spicata var. *spicata*

花期：9～11月。**分布**：本～琉。**生活型**：一年草。**識別点**：一見エノコログサ類に似るが、花序に刺毛がない。また、変種 ヌメリグサ var. *oryzetorum* は、稈が直立し花序がやや長いなどの特徴があるが、変異は連続する

水田跡、山裾などの湿地に生える。

小穂が密に集まって円柱形となる。

花序は密集した円錐花序。

湾曲しているのは、よい特徴。近縁なキビ属などではこのようにならない。

手で揉むとぬるぬるする。ヌメリグサの名の由来とされる。

全形

高さ 15～50 cm。

キビ亜科／キビ連

キビ亜科／キビ連

イヌビエ
Echinochloa crus-galli var. *crus-galli*

花期：7〜11月。**分布**：北〜琉。
生活型：一年草。**識別点**：葉に葉舌がない点は、この仲間を知るための有力な手がかり。湿地に多いケイヌビエ var. *echinata*、乾いた畑地や路傍に多いヒメイヌビエ var. *praticola* など様々なタイプがある。近縁種タイヌビエ *E. oryzoides* は、小穂が大きく、第一小花の護穎に光沢がある。栽培されるヒエ *E. utilis* もこの仲間。

水田、休耕田などの開けた湿地に普通。

ケイヌビエ ×0.2

小穂 / 芒

水辺や湿地に生える大型の植物。小穂には著しく長い芒(第一小花の護穎の芒)がある。

円錐花序の先の方では密になる。

全形
高さ 30〜100 cm。
葉身のつけ根に葉舌はない。
×1

総の一部

総の軸の片側(下面)に小穂が密集する。

小穂
第一包穎 / 第二包穎
第一包穎側　第二包穎側

小穂の先はとがって嘴のようになる。

ナルコビエ
Eriochloa villosa

花期：7~9月。**分布**：北~琉。**生活型**：多年草。**識別点**：スズメノヒエの仲間に似ているが、小穂が丸くふくらんでいることや、小穂のつけ根に白い付属物があることで見分けられる。

明るい日当りのよい草地などに生える。

高さ 50~100 cm。

全形

短い毛を密生し、触ると柔らかな感じがする。

×1

数本の総が中軸から横に出る。スズメノヒエの仲間に似るので注意。

キビ亜科／キビ連

総の一部

小穂のふくれた面（第二包穎側）が外側を向くのが特徴。

小穂

白い付属物
第一小花側　第二包穎側

第一包穎は退化し、基盤と合着して、白い付属物となっている。

キビ亜科／キビ連

キシュウスズメノヒエ
Paspalum distichum var. *distichum*

花期：7~12月。**分布**：世界の熱帯原産。**生活型**：多年草。**識別点**：水面をおおうように生えて、V字形の花序を出すものは、まずこれと思ってよい。類似の変種チクゴスズメノヒエ var. *indutum* は、より大きく毛が多い。また、近年、海辺にはサワスズメノヒエ（商品名：シーショアパスパルム）*P. vaginatum* が植えられることが多く紛らわしい。

広く水面をおおう。

節は有毛。

高さ20~45 cm。

全形

通常、総は2本で、V字形になる。

総の一部 / 第一小花の護穎 / 第一包穎

小穂は総に圧着する。スズメノヒエ属では、第一小花（扁平な面）が外側を向くのが、類似のナルコビエ属とは異なる。

葉身は柔らかく無毛。

×1

小穂 / 柱頭 / 第一小花の護穎 / 第一包穎

第一包穎はごく小さい。紫色の毛の束は雌しべの柱頭。

タチスズメノヒエ
Paspalum urvillei

花期：8~10月。**分布**：南アメリカ原産。**生活型**：多年草。**識別点**：シマスズメノヒエ同様小穂に毛が生えるが、小穂が小さく、総の数が20本ほどにもなるので区別できる。

葉鞘口部

葉鞘と葉身の接続部には長毛が生える。

株元

太い稈が密生する。

荒れ地や路傍など明るい草地に多い。

高さ70~140cm。

全形

×1

小穂が密集した総を10~20本もつける。

総の一部／第一小花の護穎

毛の生えた小穂がびっしりとつく。

小穂

第二包穎／第一小花の護穎／第一花側　第二包穎側

第一包穎はない。スズメノヒエ属 *Paspalum* の中で包穎に長い毛の生えるのは、本種かシマスズメノヒエのみ。

キビ亜科／キビ連

キビ亜科／キビ連

シマスズメノヒエ
Paspalum dilatatum

花期：7~11月。**分布**：南アメリカ原産。**生活型**：多年草。**識別点**：ごく普通に見かける草の1つ。小穂に毛が多い点は、タチスズメノヒエと共通するが、小穂がより大きい。

総は3~7本。小穂は大きめ。黒い粒は雄しべの葯。

総の一部
第一小花の護穎
雌しべの柱頭
葯

黒褐色の粒は葯。暗紫色の房状のものは雌しべの柱頭。

小穂
第一小花の護穎　第二包穎
長い毛

長い毛が生える。第一包穎はない。

草地や路傍などに多く帰化する。

全形
高さ40~120 cm。

×1

葉鞘口部
葉舌は膜状

スズメノヒエ

Paspalum thunbergii

花期：7～10月。**分布**：本～琉。
生活型：多年草。**識別点**：全草に軟毛が著しく多い。しかし、小穂はまったく無毛なのはよい特徴。類似のスズメノコビエ *P. scrobiculatum* は、葉などにほとんど毛がない。スズメノヒエ類は、名にヒエとつくが、ヒエとは全く別のグループ。

キビ亜科／キビ連

総の一部
第一小花の護穎
柱頭

小穂の第一小花側（扁平な面）が見える。

低地の草地や路傍に多い。

総状花序。小穂には毛が全くないのでシマスズメノヒエに比べ硬い感じがする。

高さ50～80 cm。

平らで全面が毛におおわれる。

小穂
第一小花の護穎　第二包穎

葉鞘口部

葉舌は低く、葉鞘は著しく多毛。

全形

×1

左：第一小花側から見たもので扁平。第一包穎は消失。右：第二包穎側から見たもので、丸くふくらんでいるのがわかる。

109

キビ亜科／キビ連

エノコログサ類
Setaria

多くの小穂が密生してつき、長い刺（刺毛(しもう)）が花序全体にあるのが特徴。この刺毛は芒ではないので注意が必要。エノコログサ類は一般に"猫じゃらし"などと呼ばれ、身近な草の1つとなっている。いずれも路傍、草地、休耕地などに多い。栽培されるアワもこの仲間。

花序は長くややしなだれることが多いのも特徴。

小穂が密に集まった円錐花序。刺毛は緑～紫色がかる。小穂はエノコログサに比べて大きめ。

アキノエノコログサ
Setaria faberi
花期：8~11月。**分布**：北～琉。**生活型**：一年草。**識別点**：小穂は比較的大きく、第二包穎が短いので、第二小花の護穎が裸出する。

×1

アキノエノコログサ

エノコログサ
Setaria viridis
花期：6~10月。**分布**：北～琉。**生活型**：一年草。**識別点**：この仲間の中では小穂が小さく、第二包穎が長く、小穂と同長。花序はしなだれない。

花序の一部

小穂が密集し刺毛が伸び出ている。

キンエノコロ
Setaria pumila
花期：8~12月。**分布**：北～琉。**生活型**：一年草。**識別点**：小穂は大きく、第二包穎は小穂よりも短い。近年ではキンエノコロ、コツブキンエノコロ、フシネキンエノコロを区別しない見解が、海外では一般的になってきている。

小穂 / 第一小花の護穎 / 第二小花の護穎 / 第二包穎 / 第一包穎

第二包穎は短く、第二小花の護穎がはっきり見える。

全形
高さ40~100 cm。

キビ亜科／キビ連

刺毛は緑色、時に紫色を帯びている。小穂は他の2種に比べて小さい。花序は直立。

刺毛は黄金色〜褐色。小穂は他の2種に比べ、大きく、丸い。また、背が盛り上がった印象。

×1

エノコログサ

×1

キンエノコロ

花序の一部

小穂は前種や後種より小さい。

花序の一部

小穂は前2種よりもさらに大きく丸く見える。

小穂　第一小花の護穎　第二包穎　第一包穎

全形
高さ20〜100cm。

小穂　第一小花の護穎　第二包穎　第一包穎

全形
高さ20〜70cm。

第二包穎は長く、第二小花の護穎は外から見えない。

第二包穎は短く、第二小花の護穎がはっきり見える。

キビ亜科／キビ連

イヌアワ
Setaria chondrachne

花期：8〜10月。**分布**：本〜九。**生活型**：多年草。**識別点**：厚い鱗片におおわれた根茎をもつ。エノコログサと一見まったく別物だが、同じ仲間で、刺毛をもっている。

山地の林縁など、やや暗く湿った場所に生える。

花序はまっすぐに立つ。

刺毛が伸び出る。

全形
高さ40〜120 cm。
×1

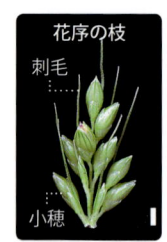

花序の枝
刺毛
小穂

他のエノコログサ類と同様、刺毛をもつ。小穂は互いに離れてつく。

小穂
第二小花の護穎
刺毛
第二包穎

長さ2.5 mmほど。第二包穎は短く、第二小花の護穎が外から見える。

小穂
第二小花の護穎
第一包穎
第二包穎
第一包穎側　第二包穎側

小穂は、1小穂2小花で、第一小花は不稔。

根茎
鱗片に多数の明らかな脈がある。

葉鞘口部
葉舌は長い毛の列となる。

メヒシバ

Digitaria ciliaris

花期：7~11月。**分布**：日本全土。**生活型**：一年草。**識別点**：最も普通なイネ科草本の1つ。小穂が圧着した数本の総を掌状につける。オヒシバは小穂が大きく、総が太い。メヒシバ類には芒がない。

道端などに普通に見られる。稈は倒れて各節から発根する。

3~8本の総が掌状につく。

キビ亜科／キビ連

総の中軸
総の中軸がざらつく点がコメヒシバとのちがい。

葉鞘口部
普通、長毛が散生している。

全形 
高さ30~80 cm。

総の出る位置はずれる。

×1

長短2タイプの柄をもった小穂が対になって並ぶ。総の中軸はざらつく。

総の一部
第一包穎／中軸はざらつく／第一小花の護穎

小穂
第一小花の護穎／第二小花の護穎／第一包穎／第二包穎

小穂は細長く、第二包穎は短い。

113

キビ亜科／キビ連

アキメヒシバ
Digitaria violascens

花期：9~11月。**分布**：日本全土。**生活型**：一年草。**識別点**：メヒシバによく似ているが、小穂が丸みを帯びることや第二包穎が長いことで見分けがつく。

丸みを帯びた小穂が密着した総を、3~8本掌状につける。

総のつく位置は、ややずれることもある。

全形
高さ15~45 cm。

×1

葉鞘口部
葉鞘
葉鞘にまばらな長毛がある。

総の一部
柱頭
第一小花の護穎

総の中軸は扁平になる。長柄小穂と短柄小穂が対をなして並ぶことも単生することもある。

小穂
第一小花の護穎
第二包穎

第一包穎は消失し、第二包穎と第一小花の護穎に包まれて、第二小花は外から見えない。

コメヒシバ
Digitaria radicosa

花期：8~11月。**分布**：本~琉。**生活型**：一年草。**識別点**：メヒシバに似るが、全体に軟弱で総の軸の縁がざらつかないことなどで識別できる。

小穂が密着した総を2~4本掌状につける。

総のつく位置は、メヒシバと異なり、ずれることはまれ。

明るい路傍の草地に生え、人家の周りなどに多い。

総の中軸

総の中軸はざらつかない。メヒシバでは中軸の縁がざらつくので見分けられる。

全形
高さ25~45cm。

×1

総の一部

小穂は中軸の片側にだけつく。

小穂　第二小花の護穎　第一小花の護穎　第二包穎　第一包穎

左は第一包穎側。第一包穎はごく小さく0.1mmほど。右は第二包穎側。第二包穎が短く、第二小花の護穎は外から見える。

キビ亜科／キビ連

115

キビ亜科／キビ連

チカラシバ
Pennisetum alopecuroides

花期：9〜11月。**分布**：北〜琉。**生活型**：多年草。**識別点**：黒色の刺毛におおわれた花序は特異。小穂は刺毛ごと散布される。同属のナピアグラス *P. purpureum* は飼料として栽培される。

荒れ地や路傍などに多い。

全形
高さ30〜75 cm。

総状花序は黒い刺毛におおわれ、直立する。 ×1

花序の一部
中軸には白毛が生える。

小穂
柱頭
刺毛

長い刺毛に包まれる。小穂は長さ7 mmほど。

葉鞘
葉鞘や稈はやや扁平。

シンクリノイガ
Cenchrus echinatus

花期：7月。**分布**：中央アメリカ原産。**生活型**：一年草。**識別点**：クリのイガのような総包をもつものは、この仲間と見て間違いない。

荒れ地などに帰化し、群生する。高さ30~50cm。

花序の中軸に総包が密集する。

キビ亜科／キビ連

花序の一部

この刺で動物に付着する。総包は5~7mmほど。

総包と小穂
小穂
第二小花の護穎　第一小花の護穎
第一包穎
第二包穎　総包

総包を開いたところ。中に数個の小穂が入っている。小穂は長さ4.5~6mm。

稈は倒伏し斜上。

葉鞘口部

葉鞘に長毛が散生している。

×1

キビ亜科／チゴザサ連

チゴザサ
Isachne globosa

花期：6~9月。**分布**：北~琉。**生活型**：多年草。**識別点**：キビ属 *Panicum* に似ているが、1つの小穂に2つある小花の両方ともに稔性がある。また、花序には腺があるのも重要なポイント。近年では本種をキビ亜科ではなく Micrairoideae に含める見解もある。

湿地、休耕田、水路脇などに生え、群生する。

小穂は2小花をもち、両方とも稔性がある。

花柄の途中に腺があるのがわかる。

花序は奇麗な円錐形になる。先はしなだれない。

全形
高さ 30~60 cm。

葉身はやや硬い。

×1

トダシバ
Arundinella hirta

花期：9~11月。**分布**：北~九。**生活型**：多年草。**識別点**：硬い鱗片におおわれた長い根茎がある。1小穂はほぼ同形の2小花からなるが、下方の小花は雄性なため、第二小花のみが両性で果実をつける。

日当りのよい草地などに群生する

多くの総をつけ、先はややしなだれる。

高さ30~120 cm。
全形

根茎は長く伸びて先端から稈を立ち上げる。

×1

キビ亜科／トダシバ連

総の一部
小穂

小穂はゆるく軸に添う。小穂は時に不稔となり、花序全体が細くなったものに出会う。

小穂
第二包穎
第一包穎

第二小花
護穎　内穎

基部に毛がある。芒はないが、まれに先端が伸びて鋭くとがる。

119

キビ亜科／ヒメアブラススキ連

オオアブラススキ
Spodiopogon sibiricus

花期：8〜12月。**分布**：北〜九。**生活型**：多年草。**識別点**：類似のアブラススキとは、太くて長い根茎をもち、花序が直立する点などで見分けられる。

円錐花序で直立する。

低山の明るい草地などに生える。高さ50〜150cm。

花序の枝

アブラススキと異なり、油のようなにおいはしない。

小穂は枝の先に集まる。

×1

小穂

有柄小穂　無柄小穂

有柄、無柄の2タイプの小穂が1つの節についている。

小穂

芒…

長毛におおわれるが、基部にススキのような長い毛の束はない。

開いた小穂　芒
第一小花の護穎

第二小花

第一包穎　第二包穎

1小穂は2小花からなる。第二小花の護穎は膜質で長い芒がある。

アブラススキ
Eccoilopus cotulifer

花期：9~12月。分布：北~琉。生活型：多年草。識別点：オオアブラススキに似た大型の草本。花序の枝が細く、先が垂れ下がるのが特徴。花序には油臭がある。

キビ亜科／ヒメアブラススキ連

小穂は枝の先に集まる。

高さ80~150 cm。

全形
山野に多い多年草。林や畑の縁に生える。

多くの総が短い中軸につき散房状になる。

小穂／芒／長柄小穂／短柄小穂／柄

長短2タイプの柄をもつ小穂が対をなす。

第二小花／芒／護穎

第二小花の護穎の先は2深裂し、間から長い芒が出る。

×1

葉鞘口部

葉舌は高さ約5 mmで背面に毛が生える。

キビ亜科／ヒメアブラススキ連

ススキ
Miscanthus sinensis

花期：9~12月。分布：北~琉。生活型：多年草。識別点：類似のオギは芒がなく、小穂基部の毛が本種よりはるかに長い。

多くの総が短い中軸につき散房状になる。

平地から山地の明るい草地に生え、株立ちになる。水中には生えない。

高さ60~200cm。

葯……

小穂
芒
柄

長柄小穂と短柄小穂が対をなしてつく。小穂は同長で4.5mmほど。

葉鞘口部
葉舌

葉舌は切形で短い。

×1

稈は分枝しない。

葉縁

著しくざらつき、手を切る原因となる。

オギ
Miscanthus sacchariflorus

花期：9~12月。分布：北~九。生活型：多年草。識別点：ススキに似るが、小穂に生える毛は銀白色で、黄金色のススキと異なる。また、ススキには芒があるがオギにはない。葉の縁はややざらつくがススキほどではない。

キビ亜科／ヒメアブラススキ連

小穂の毛は銀白色。

小穂
芒がない。小穂よりもはるかに長い毛が生える。

×1

全形
明るい川岸や湿地などに群生する。
高さ100~250cm。

稈
下方の節で分枝することもある。

根茎
根茎は長く伸びて稈を立てるので、ススキのように株立ちにならない。

キビ亜科／ヒメアブラススキ連

カリヤスモドキ
Miscanthus oligostachyus

花期：8〜9月。**分布**：本〜九。**生活型**：多年草。**識別点**：ススキに似るが、総が少なく、小穂が明らかに大きいので見分けがつく。葉の葉舌の真裏に毛があるのも見分けに役立つ。

1〜15本の総が斜上する。

山地や日当りのよい場所に多い。高さ60〜90 cm。

花序

ススキよりずっと大きな小穂が密生する。

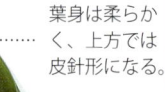

小穂
…芒
短柄小穂　長柄小穂

長短2タイプの柄をもった小穂が対になる。小穂は長さ8 mmほど。

葉身は柔らかく、上方では皮針形になる。

葉舌の真裏には特異的に長白毛が生える。

葉舌の裏
…長白毛

葉縁

葉身の縁はあまりざらつかない。

根茎

根茎は短くて、稈が叢生する。

×1

チガヤ（フシゲチガヤ）
Imperata cylindrica var. *koenigii*

花期：4~7月。**分布**：北～琉。**生活型**：多年草。**識別点**：キツネの尾のような白い花序が特徴。稈の節に毛のないケナシチガヤ var. *cylindrica* は花期が早い点でも異なる。

明るい草地に群生。

高さ30~80cm。

全形

節

稈の節には長白毛がある。

×1

円錐花序。枝は立って中軸に沿うため花序は円柱形になる。

小穂が散った後も中軸と小穂の柄が残る。

花序の一部

長柄小穂　短柄小穂

長柄小穂と短柄小穂が対をなす。

小穂

葯

黄色いのは雄しべの葯。葯は2本。第一、第二包穎はともに卵状皮針形で膜質。1小穂は2小花からなる。

小穂が散った花序

キビ亜科／ヒメアブラススキ連

125

キビ亜科／ヒメアブラススキ連

ウンヌケモドキ
Eulalia quadrinervis

花期：9～10月。**分布**：本～琉。**生活型**：多年草。**識別点**：多数の稈が叢生する姿はススキに似るが、総は直立し、小穂のつけ根には長い毛がないので区別できる。また、近縁なウンヌケは株元に茶褐色の毛があるので、容易に識別できる。

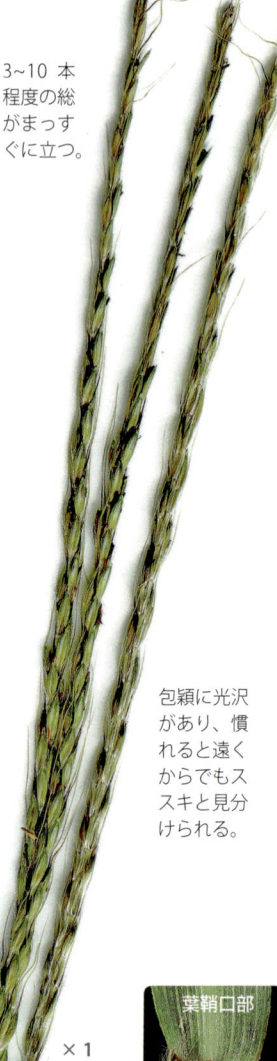

3～10本程度の総がまっすぐに立つ。

低山地の開けた尾根などに多い。高さ60～100 cm。

根茎
株元には目立った茶褐色の毛が生えることはない。

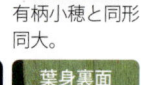

包頴に光沢があり、慣れると遠くからでもススキと見分けられる。

×1
ごく短い中軸に数本の総がつく。

有柄小穂
芒／柱頭／包頴

基部の毛はススキのように長くない。小穂は長さ5mm程度。

無柄小穂
芒／包頴／柱頭

有柄小穂と同形同大。

葉鞘口部
葉舌

葉舌は切形。

葉身裏面

まばらに短毛が生える。

イタチガヤ

Pogonatherum crinitum

花期：8~11月。**分布**：本~琉。**生活型**：多年草。**識別点**：小型の草本で、岩の割れ目などに生え、黄金色の花序を出すので、容易に他種と区別できる。園芸用に栽培され"ソビ"などとも呼ばれる。

まっすぐに立つ総状花序。

果実が熟すと花房が開いてフサフサになる。

キビ亜科／ヒメアブラススキ連

林縁の岩の割れ目などに叢生する。高さ10~40cm。

1つの小穂には2本の芒がある。1本は第二包穎のまっすぐな芒。もう1本は第二小花の護穎の芒で、こちらは膝折れする。

1つの節に同形同大の有柄小穂と無柄小穂がつく。

×1

白毛が輪生する。

127

キビ亜科／ヒメアブラススキ連

アシボソ
Microstegium vimineum
f. *vimineum*

花期：10〜11月。**分布**：北〜琉。**生活型**：一年草。**識別点**：低山地の森でよく見られ、稈は長く伸び、節々から根を下ろして生える。類似のササガヤは葉身の基部付近が最も幅広いので区別がつく。

林縁などのやや暗く湿った場所に生える。

ヒメアシボソ
f. *willdenowianum*

総の一部

アシボソの品種。芒のないものをこのように呼ぶ。他には違いがない。

小穂が圧着した総状花序。総は2〜3本、まれに1本のこともある。

総の一部
芒
有柄小穂
無柄小穂

有柄、無柄の2小穂が対になって1つの節につく。

小穂
第二小花の護穎
第一小花の護穎
芒
小花
第二包穎
第一包穎

1小穂は2小花がある。護穎は薄い膜状となる。

稈は長くはい、節から根を下ろす。

高さ20〜50 cm。

葉身は披針形。中央部が最も広い。

×1

節

稈の節は無毛。

ササガヤ

Leptatherum japonicum
var. *japonicum*

花期：9~12月。**分布**：北~琉。**生活型**：一年草。**識別点**：類似のミヤマササガヤは、稈の節に伏した短毛があり、小穂は有柄とほぼ無柄のものが対をなす点で異なるほか、関東以西にしか分布しない。

キビ亜科／ヒメアブラススキ連

全形

アシボソと同様、暗く湿った環境に生える。高さ20~30cm。

小穂が密着した総状花序で、しなだれない。

小穂

第二包穎／第一包穎

外側から護穎は見えない。写真はミヤマササガヤ。

総の一部

芒／長柄小穂／短柄小穂

長柄小穂と短柄小穂が対をなして節につくのは本種の特徴。

ミヤマササガヤ
L. nudum

ササガヤと似た暗く湿った環境に生える。

節

節の全周に伏した短毛が密生する。ササガヤでは葉鞘の閉じ口側のみに毛がある。また、キタササガヤ *L. japonicum* var. *boreale* と呼ばれるものは、節に斜上する長毛があり、区別できる。

葉身は短く、卵状皮針形。

×1

ミヤマササガヤの葉。皮針形で基部付近が最も幅広い。

キビ亜科／ヒメアブラススキ連

セイバンモロコシ
Sorghum halepense

花期：7~11月。分布：旧世界熱帯～亜熱帯原産。生活型：多年草。識別点：大型で非常に目立つ。ススキに似るが小穂の基部に長毛はないので区別できる。品種のヒメモロコシ f. *muticum* は芒のない型であるが、セイバンモロコシの1つの花序の中でも芒のあるものとないものが混ざる。

軸や柄が縮れたように波打つことが多い。

芒は途中で曲ることが多い。

花序は大きく開く円錐花序。

小穂は枝先に集まる

×1

花序の一部
有柄小穂
無柄小穂

芒の出ているのが無柄小穂。

小穂
芒
有柄小穂
無柄小穂

有柄小穂と無柄小穂が対になる。有柄小穂は雄性で無芒。無柄小穂は両性で長い芒をもつ。

全形
明るい路傍、河川敷などに群生する。
高さ80～160cm。

ヒメアブラススキ
Capillipedium parviflorum

花期：10~11月。**分布**：本~琉。**生活型**：多年草。**識別点**：広がった花序の先端に数個の小穂がまとまってつく姿は特異。類似のアブラススキは、稈が叢生して立つが、本種は多数の稈がしなだれる。

林縁の草地などに生える。稈は全体にしなやかで斜上する。

全形 高さ30~100 cm。

散開した円錐花序。小穂は枝の先端に集まる。

葉身は長さ15 cmほど。

×1

花序の一部

有柄小穂 / 芒 / 無柄小穂

芒の出ているのが無柄小穂。

小穂

芒 / 無柄小穂 / 有柄小穂

有柄小穂は雄性または無性で芒がない。無柄小穂は稔性があり芒がある。小穂は長さ約3mm。

キビ亜科／ヒメアブラススキ連

キビ亜科／ヒメアブラススキ連

ケカモノハシ
Ischaemum anthephoroides

花期：4~9月。**分布**：北~九。**生活型**：多年草。**識別点**：カモノハシに似るが、稈の節に長白毛が生えるのはよい区別点。

海浜に大群落をつくる。

葉鞘口部／葉身／葉舌／葉鞘

葉舌の高さは1 mmほどで切形。

節

節に長白軟毛が密生する。

全形
高さ30~80 cm。

花後は、小穂が開く

花序の軸は直立

×1

総

オレンジ色のものは柱頭。

小穂／芒／長柄小穂／短柄小穂

長柄短柄2個の小穂が対になる。短柄小穂は有芒。長柄小穂は2個の雄性小花からなり、短柄小穂は雄性小花と両性小花を1つずつもつ。

カモノハシ

Ischaemum aristatum var. *crassipes*

花期：7~11月。**分布**：本～九。**生活型**：多年草。**識別点**：類似のケカモノハシは、稈の節に毛がある点で見分けられるほか、全草長毛でおおわれるので区別できる。

明るい林縁、川辺、海岸など、多様な環境に生える。花序は直立する。

2本の総が開いた様子。和名はこの形が鴨の嘴に似ることによる。

葉身も葉鞘も無毛。

2本の総は圧着して1本に見える。

芒の長さは変異がある。

高さ30~80cm。

×1

2本の総が合わさる面は扁平。

長柄小穂と短柄小穂が対になって1つの節につく。芒の長さには変異がある。

第一小花は雄性。第二小花は両性。

長柄小穂の小花はいずれも雄性。

キビ亜科／ヒメアブラススキ連

133

キビ亜科／ヒメアブラススキ連

カリマタガヤ
Dimeria ornithopoda var. *tenera*

花期：9~12月。**分布**：北~琉。**生活型**：一年草。**識別点**：花序はメヒシバ類を思わせるが、本種には通常芒があるので区別できる。芒がないか短いものはヒメカリマタガヤ f. *microchaeta* と呼ぶ品種。

山野のやや湿った開けた場所に生える小型で繊細な草。高さ 10~40 cm。

2本、まれに1または3本の総が掌状になる。

※写真はヒメカリマタガヤのタイプ

……稈は直立する

×1

葉身や葉鞘には基部のふくらんだ毛が生える。

花序

花後、小穂が大きく開く。

総の一部 / 第二包穎 / 第一包穎

小穂は各節に1個ずつつく。写真は小穂が開いているところ。

カリマタガヤのタイプには長い芒がある。

小穂 / 芒 / 包穎

包穎は中央で折れて竜骨になる。小穂は長さ約3mm。第二包穎の竜骨に翼がある。

メリケンカルカヤ
Andropogon virginicus

花期：9~11月。**分布**：北アメリカ南部~中央アメリカ原産。世界各地に帰化。**生活型**：多年草。**識別点**：長白毛が生える総が、鞘状の総苞に包まれる様子は特異。

開けた草地や路傍に多く帰化し、空き地などに群生する。高さ60~100cm。

直立。包葉から白い総が抜け出す。

葉鞘は明らかな竜骨があって扁平なのが特徴。

全形

×1

キビ亜科／ヒメアブラススキ連

花序の一部

総
総苞

数本の総が鞘状の総苞に包まれる。

花序の枝

各節に有柄小穂と無柄小穂の2個が対になってつく。

小穂

芒
花序の中軸
有柄小穂
無柄小穂

有柄小穂は退化して長白毛の生えた柄のみになっている。

135

キビ亜科／ヒメアブラススキ連

オガルカヤ
Cymbopogon tortilis
var. *goeringii*

花期：9~12月。**分布**：本~琉。**生活型**：多年草。**識別点**：鞘状の総包をもつ花序、香りのある葉などはよい区別点となる。

1つの鞘状の総包から2本の総が出る。

鞘状の総包

土手や林縁など明るい草地に生える。高さ40~70cm。

総 … 芒

有柄小穂　無柄小穂

1つの節に有柄小穂と無柄小穂が1対ずつつく。

小穂　芒
有柄小穂　無柄小穂

無柄小穂には芒がある。小穂は長さ約5mm。

葉舌

葉舌は膜質で、高さ約3mm。

ちぎってもむと、よい香りがする。

×1

ウシクサ

Schizachyrium brevifolium

花期：9~12月。**分布**：本~琉。**生活型**：一年草。**識別点**：楕円形で先の丸い葉身をもち、細い棒状の総をもつことなどはよい区別点となる。

総は直立する。

楕円形の葉。

高さ10~50 cm。

全形 明るく湿った草地に生える。 ×1

総の一部

有柄小穂

無柄小穂

1つの節に有柄小穂と無柄小穂が対になってつく。

総

鞘状の総包

総の基部は鞘状の総包に包まれる。

落ちた総の一部

無柄小穂の護穎の芒

有柄小穂の護穎の芒

無柄小穂

有柄小穂の柄

総は熟すと中軸の節で折れて散布される。

有柄小穂

芒

護穎

柄

有柄小穂は柄と第二小花の護穎のみに退化している。

キビ亜科／ヒメアブラススキ連

キビ亜科／ヒメアブラススキ連

コブナグサ
Arthraxon hispidus

花期：9~11月。**分布**：北~琉。**生活型**：一年草。**識別点**：ササガヤなどに似るが、卵形の葉身の縁に毛が生えることは良い区別点となる。

湿った草地に群生する。

たくさんの総が掌状につく。

総の一部
総の軸
無柄小穂
退化した有柄小穂

1節に2個の小穂がつくが、有柄小穂は退化して鱗片状になっている。

全形
高さ 20~50 cm。

葉身の形が小鮒に似るとされる。

×1

葉身は短く、基部はハート型。縁には剛毛が生える。

メガルカヤ

Themeda barbata

花期：10〜12月。分布：本〜琉。生活型：多年草。識別点：黒くて太い芒と基部のふくらんだ毛などで容易に識別できる。

キビ亜科／ヒメアブラススキ連

鞘状の総包

花序の一部
毛
雄性小穂
1cm

両性小穂の基部を取り巻く4個の雄性小穂には、基部のふくらんだ毛が生える。

花序の一部
1cm
両性小穂
雄性小穂

中央の両性小穂と有柄の雄性小穂のまわりを4個の無柄の雄性小穂が取り巻く。

鞘状の総包

両性小穂の芒

山野の草地や林縁に生える。高さ65〜150cm。

×1

花序の一部　花序の一部拡大　両性小穂
黒色部は両性小穂
両性小穂
雄性小穂
鞘状の総包
雄性小穂
第一小花の護穎
第二小花の護穎
第一包穎
第二包穎

メガルカヤの花序は非常に複雑な構造をしている。

139

キビ亜科／ヒメアブラススキ連

アイアシ
Phacelurus latifolius

花期：6〜8月。**分布**：本〜琉。**生活型**：多年草。
識別点：葉はアシに似るが、海辺の湿地に生える大型の草で、多数の総を掌状につける。

汐の入る河口の中州や干潟に群生する。高さ80〜160cm。

太い花序軸と小穂の圧着した総。

無柄小穂分解

左から第一包穎、第二包穎、第一小花、第二小花。

有柄小穂分解

左から第一包穎、第二包穎、第一小花、第二小花。

…… 10本ほどの総が掌状につく。

×1

小穂

有柄小穂　無柄小穂　1cm

1つの節に有柄小穂と無柄小穂が対になってつく。小穂の構造はほとんど同じ。

ジュズダマ
Coix lacryma-jobi

花期：8~10月。**分布**：世界の熱帯~亜熱帯原産。**生活型**：一年草。**識別点**：ハトムギの壺型の総包は硬くなく、壊れやすい。また、ハトムギの総包では縦筋が見えるのがよい区別点。

キビ亜科／ヒメアブラススキ連

広くて柔らかな葉。

光沢のある硬い壺型の総包。

総／雄性小穂／総包

壺型の総包の中に雌性小穂が入っている。総包の中から雄性小穂の集まった総が出ているのがわかる。

ハトムギ
var. *ma-yuen*

ジュズダマの栽培用変種。写真は壺型の総包。

全形
高さ 40~200 cm。

花序の一部
総包／雄性小穂／退化小穂／雌性小穂

雄性小穂
第二小花の護穎／第二小花の内穎／第一小花の内穎／第一小花の護穎
第一包穎　第二包穎

雌性小穂
第二小花の護穎／第二小花の内穎／第一小花の護穎
第一包穎　第二包穎
第一小花の内穎はない。

×1

キビ亜科／ヒメアブラススキ連

トウモロコシ
Zea mays

花期：8~9月。分布：北米南部~中米原産。栽培植物。生活型：一年草。識別点：雌雄異花同株の大型草本。1小穂は2小花でキビ亜科の特徴をもつ。世界3大穀物の1つとして盛んに栽培される。

全形

高さ100~200 cm。

稈は中実

雄穂は稈の先端につく。

雄穂

雄穂の小穂

1cm

雄穂には雄小穂のみが集まっている。

雄穂の小穂は2個ずつが対をなす。小穂は2小花からなる。それぞれ3本の雄しべがあるが、雌しべは退化している。

根

支柱根がある。

キビ亜科／ヒメアブラススキ連

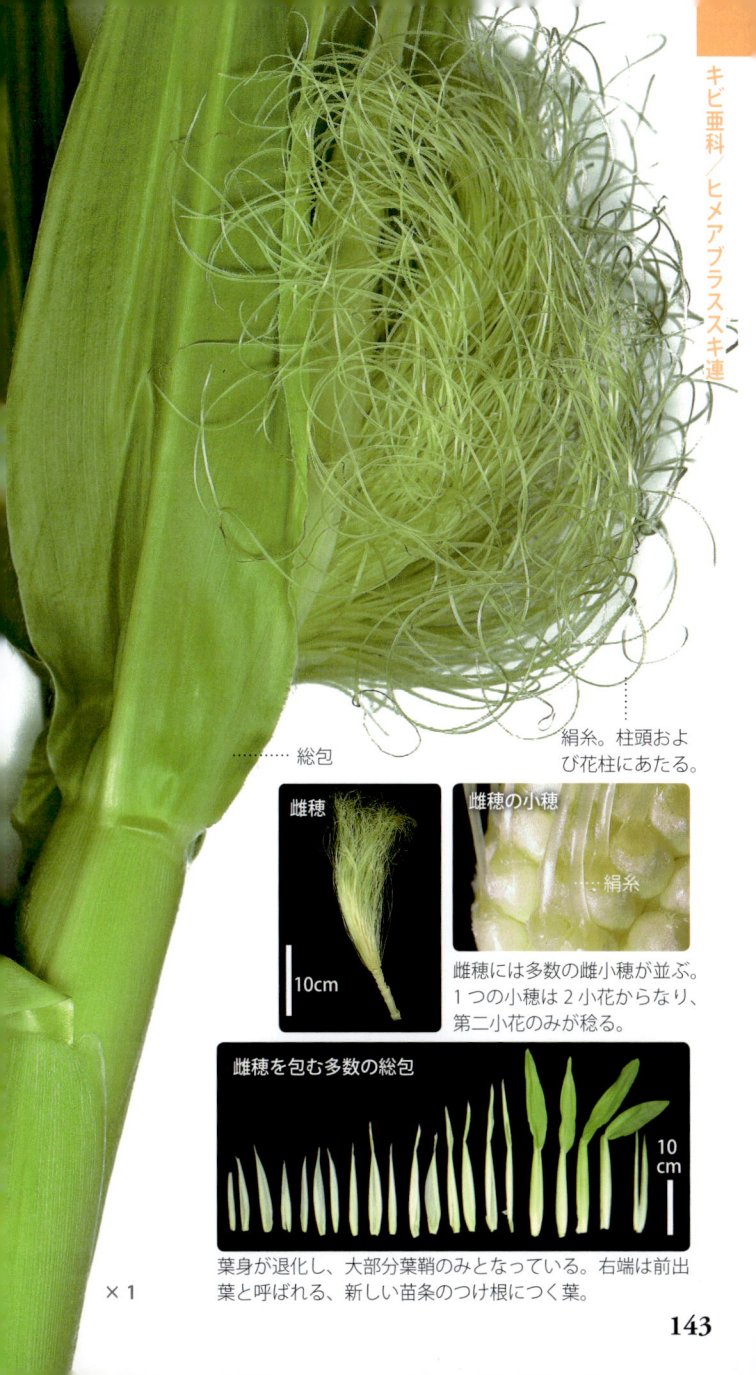

………… 総苞

絹糸。柱頭および花柱にあたる。

雌穂

10cm

雌穂の小穂

絹糸

雌穂には多数の雌小穂が並ぶ。1つの小穂は2小花からなり、第二小花のみが稔る。

雌穂を包む多数の総苞

10cm

×1

葉身が退化し、大部分葉鞘のみとなっている。右端は前出葉と呼ばれる、新しい苗条のつけ根につく葉。

143

索引

細字は別名・文中紹介

■ア

アイアシ	11, 140
アオカモジグサ	10, 73
アキノエノコログサ	6, 7, 13, 110
アキメヒシバ	11, 114
アシボソ	11, 128
アズマガヤ	10, 75
アゼガヤ	12, 86
アブラススキ	12, 14, 121
イタチガヤ	10, 127
イタリアンライグラス	36
イチゴツナギ	17, 43
イヌアワ	14, 112
イヌビエ	12, 104
イヌムギ	5, 16, 68
イネ	6, 14, 18
イブキヌカボ	15, 39
ウィーピングラブグラス	89
ウサギノオ	13, 63
ウシクサ	12, 137
ウシノケグサ	32
ウラハグサ	16, 82
ウンヌケ	126
ウンヌケモドキ	11, 126
エゾノサヤヌカグサ	14, 19
エダウチネズミムギ	36
エノコログサ類	110
エノコログサ	3, 13, 110
エンバク	64
オオアブラススキ	12, 14, 120
オオアワガエリ	13, 49
オオイチゴツナギ	17, 42
オオウシノケグサ	5, 16, 32
オオクサキビ	14, 102
オオスズメノカタビラ	17, 44
オオスズメノチャヒキ	69
オーチャードグラス	37
オートムギ	64
オオムギ	10, 77
オガルカヤ	9, 136
オギ	11, 123
オニウシノケグサ	16, 34
オニシバ	10, 99
オヒシバ	11, 92

■カ

カズノコグサ	12, 48
カゼクサ	17, 88
カナリークサヨシ	13, 52
カニツリグサ	4, 13, 16, 65
カモガヤ	15, 37
カモジグサ	4, 10, 71
カモノハシ	11, 133
カラスムギ	5, 15, 64
カリマタガヤ	11, 134
カリヤスモドキ	11, 124
キシュウスズメノヒエ	11, 106
キタササガヤ	129
キツネガヤ	16, 67
ギョウギシバ	11, 97
キンエノコロ	13, 110
クサヨシ	4, 6, 13, 14, 51
ケイヌビエ	104
ケカモノハシ	11, 132
ケチヂミザサ	100
ケナシチガヤ	125
ケンタッキーブルーグラス	45
コウボウ	6, 14, 61
コウヤザサ	15, 21

コカラスムギ	64	セトガヤ	13, 47
コスズメガヤ	3, 17, 90		
コチヂミザサ	100		

■タ

コツブキンエノコロ	110	タイヌビエ	104
コヌカグサ	15, 56	タチスズメノヒエ	12, 107
コネズミガヤ	15, 96	タツノツメガヤ	11, 93
コバンソウ	5, 17, 53	タツノヒゲ	15, 30
コブナグサ	11, 138	タマミゾイチゴツナギ	41
コムギ	10, 79	ダンチク	16, 81
コメガヤ	4, 10, 17, 28	チガヤ	13, 125
コメヒシバ	11, 115	チカラシバ	13, 116
		チクゴスズメノヒエ	106

■サ

		チゴザサ	16, 118
ササガヤ	11, 129	チヂミザサ	12, 100
ササクサ	12, 80	チモシー	49
サヤヌカグサ	19	チョウセンガリヤス	16, 87
サワスズメノヒエ	106	ツルヨシ	16, 85
シーショアパスパルム	106	テンキグサ	76
シナダレスズメガヤ	17, 89	トウモロコシ	9, 142
シバ	10, 98	トールフェスク	34
シバムギ	10, 74	ドジョウツナギ	17, 26
シマスズメノヒエ	12, 108	トダシバ	4, 14, 119
ジュズダマ	9, 141	トボシガラ	16, 33
シラゲガヤ	6, 14, 38		
シンクリノイガ	9, 117		

■ナ

ススキ	7, 11, 12, 122	ナガハグサ	17, 45
スズメガヤ	90	ナギナタガヤ	4, 10, 16, 31
スズメノカタビラ	6, 17, 40	ナピアグラス	116
スズメノコビエ	109	ナルコビエ	12, 105
スズメノチャヒキ	16, 66	ニワホコリ	17, 91
スズメノテッポウ	3, 4, 10, 13, 46	ヌカキビ	14, 101
スズメノヒエ	4, 6, 12, 109	ヌカススキ	6, 15, 50
セイコノヨシ	84	ヌカボ	15, 57
セイタカヨシ	84	ヌマガヤ	16, 83
セイバンモロコシ	14, 130	ヌメリグサ	13, 103

145

ネズミガヤ	96
ネズミノオ	4, 10, 13, 94
ネズミムギ	4, 10, 36
ノガリヤス	3, 15, 58
ノゲシバムギ	74
ノハラスズメノテッポウ	3, 46

■ハ

ハイヌメリ	103
バケヌカボ	56
ハトムギ	141
ハナヌカススキ	50
ハナビガヤ	29
ハネガヤ	15, 23
ハマニンニク	10, 76
バミューダグラス	97
ハルガヤ	6, 13, 62
ヒエ	104
ヒエガエリ	4, 13, 14, 55
ヒゲシバ	10, 13, 95
ヒゲナガスズメノチャヒキ	16, 69
ヒメアシボソ	128
ヒメアブラススキ	14, 131
ヒメイヌビエ	104
ヒメカナリークサヨシ	52
ヒメカリマタガヤ	134
ヒメコバンソウ	17, 54
ヒメノガリヤス	15, 59
ヒメモロコシ	130
ヒロハウシノケグサ	34
ヒロハノドジョウツナギ	17, 27
ヒロハノハネガヤ	10, 15, 22
フシゲチガヤ	125
フシネキンエノコロ	110
ベルベットグラス	38
ペレニアルライグラス	35
ホガエリガヤ	4, 5, 6, 10, 14, 24
ホソバナガハグサ	45
ホソムギ	10, 35

■マ

マカラスムギ	64
マコモ	14, 20
ミスジナガハグサ	45
ミズタカモジグサ	10, 72
ミゾイチゴツナギ	17, 41
ミチシバ	17, 29
ミノゴメ	48
ミヤマササガヤ	129
ムギクサ	10, 78
ムツオレグサ	4, 10, 25
メガルカヤ	9, 139
メヒシバ	11, 113
メリケンカルカヤ	9, 135

■ヤ

ヤバネオオムギ	77
ヤマアワ	15, 60
ヤマカモジグサ	10, 70
ヤマヌカボ	57
ヨシ	16, 84

■ラ

ラグラス	63
レッドトップ	56
レッドフェスク	32